商務
科普館

提供科學知識
照亮科學之路

張之傑◎主編

科學史話

臺灣商務印書館

科學史話／張之傑主編. --初版. --臺北市：臺
灣商務，　2011. 10
　　面　；　　公分. --（商務科普館）

　ISBN 978-957-05-2645-5(平裝)

　1.科學　2.通俗史話

309　　　　　　　　　　　　　100016244

商務科普館
科學史話

作者◆張之傑主編

發行人◆施嘉明

總編輯◆方鵬程

主編◆葉幗英

責任編輯◆徐平

美術設計◆吳郁婷

出版發行：臺灣商務印書館股份有限公司
臺北市重慶南路一段三十七號
電話：(02)2371-3712
讀者服務專線：0800056196
郵撥：0000165-1
網路書店：www.cptw.com.tw
E-mail：ecptw@cptw.com.tw
網址：www.cptw.com.tw
局版北市業字第 993 號
初版一刷：2011 年 10 月
初版三刷：2013 年 1 月
定價：新台幣 320 元

ISBN 978-957-05-2645-5

科學月刊叢書總序

◎—林基興

《科學月刊》社理事長

公益刊物《科學月刊》創辦於 1970 年 1 月，由海內外熱心促進我國科學發展的人士發起與支持，至今已經四十一年，總共即將出版五百期，總文章篇數則「不可勝數」；這些全是大家「智慧的結晶」。

《科學月刊》的讀者程度雖然設定在高一到大一，但大致上，愛好科技者均可從中領略不少知識；我們一直努力「白話說科學」，圖文並茂，希望達到普及科學的目標；相信讀者可從字裡行間領略到我們的努力。

早年，國內科技刊物稀少，《科學月刊》提供許多人「（科學）心靈的營養與慰藉」，鼓勵了不少人認識科學、以科學為志業。筆者這幾年邀稿時，三不五時遇到回音「我以前是貴刊讀者，受益良多，現在是我回饋的時候，當然樂意撰稿給貴刊」。唉呀，此際，筆者心中實在「暢快、叫好」！

《科學月刊》的文章通常經過細心審核與求證，圖表也力求搭配文章，另外又製作「小框框」解釋名詞。以前有雜誌標榜其文「歷久彌新」，我們不敢這麼說，但應該可說「提供正確科學知識、增進智性刺激思維」。其實，科學也只是人類文明之一，並非啥「特異功能」；科學求真、科學可否證（falsifiable）；科學家樂意認錯而努力改進——這是科學快速進步的主因。當然，科學要有自知之明，知所節制，畢竟科學不是萬能，而科學家不

可自以為高人一等，更不可誤用（abuse）知識。至於一些人將科學家描繪為「科學怪人」（Frankenstein）或將科學物品說成科學怪物，則顯示社會需要更多的知識溝通，不「醜化或美化」科學。科學是「中性」的知識，怎麼應用科學則足以導致善惡的結果。

科學是「垂直累積」的知識，亦即基礎很重要，一層一層地加增知識，逐漸地，很可能無法用「直覺、常識」理解。（二十世紀初，心理分析家弗洛伊德跟愛因斯坦抱怨，他的相對論在全世界只有十二人懂，但其心理分析則人人可插嘴。）因此，學習科學需要日積月累的功夫，例如，需要先懂普通化學，才能懂有機化學，接著才懂生物化學等；這可能是漫長而「如倒吃甘蔗」的歷程，大家願意耐心地踏上科學之旅？

科學知識可能不像「八卦」那樣引人注目，但讀者當可體驗到「知識就是力量」，基礎的科學知識讓人瞭解周遭環境運作的原因，接著是怎麼應用器物，甚至改善環境。知識可讓人脫貧、脫困。學得正確科學知識，可避免迷信之害，也可看穿江湖術士的花招，更可增進民生福祉。

這也是我們推出本叢書（「商務科普館」）的主因：許多科學家貢獻其智慧的結晶，寫成「白話」科學，方便大家理解與欣賞，編輯則盡力讓文章賞心悅目。因此，這麼好的知識若沒多推廣多可惜！感謝臺灣商務印書館跟我們合作，推出這套叢書，讓社會大眾品賞這些智慧的寶庫。

《科學月刊》有時被人批評缺乏彩色，不夠「吸睛」（可憐的家長，為了孩子，使盡各種招數引誘孩子「向學」）。彩色印刷除了美觀，確實在一些說明上方便與清楚多多。我們實在抱歉，因為財力不足，無法增加彩色；還好不少讀者體諒我們，「將就」些。我們已經努力做到「正確」與「易懂」，在成本與環保方面算是「已盡心力」，就當我們「樸素與踏實」吧。

從五百期中選出傑作，編輯成冊，我們的編輯委員們費了不少心力，包

括微調與更新內容。他們均為「義工」，多年來默默奉獻於出點子、寫文章、審文章；感謝他們的熱心！

　　每一期刊物出版時，感覺「無中生有」，就像「生小孩」。現在本叢書要出版了，回顧所來徑，歷經多方「陣痛」與「催生」，終於生了這個「智慧的結晶」。

「商務科普館」
刊印科學月刊精選集序

◎─方鵬程

「科學月刊」是臺灣歷史最悠久的科普雜誌，四十年來對海內外的青少年提供了許多科學新知，導引許多青少年走向科學之路，為社會造就了許多有用的人才。「科學月刊」的貢獻，值得鼓掌。

在「科學月刊」慶祝成立四十周年之際，我們重新閱讀四十年來，「科學月刊」所發表的許多文章，仍然是值得青少年繼續閱讀的科學知識。雖然說，科學的發展日新月異，如果沒有過去學者們累積下來的知識與經驗，科學的發展不會那麼快速。何況經過「科學月刊」的主編們重新檢驗與排序，「科學月刊」編出的各類科學精選集，正好提供讀者們一個完整的知識體系。

臺灣商務印書館是臺灣歷史最悠久的出版社，自一九四七年成立以來，已經一甲子，對知識文化的傳承與提倡，一向是我們不能忘記的責任。近年來雖然也出版有教育意義的小說等大眾讀物，但是我們也沒有忘記大眾傳播的社會責任。

因此，當「科學月刊」決定挑選適當的文章編印精選集時，臺灣商務決定合作發行，參與這項有意義的活動，讓讀者們可以有系統的看到各類科學

發展的軌跡與成就，讓青少年有興趣走上科學之路。這就是臺灣商務刊印
「商務科普館」的由來。

　　「商務科普館」代表臺灣商務印書館對校園讀者的重視，和對知識傳播
與文化傳承的承諾。期望這套由「科學月刊」編選的叢書，能夠帶給您一個
有意義的未來。

2011 年 7 月

主編序

◎─張之傑

2004 年底，《科學月刊》代理主編姜泉先生策劃「話說科學史」欄目，委請筆者組稿。姜先生回憶道：

> 「話說科學史」是我擔任科月代理主編期間策劃的，起心動念之初，揣想應該將什麼樣的內容放進科月。有感於科月過往內容有時陳意過高或流於艱澀，反觀科學史有趣易讀，自覺科普雜誌理應有一塊利於初階讀者的入門磚，遂請您出馬組稿。

從 2005 年元月號至 2006 年 12 月號，「話說科學史」欄目維持兩年。姜先生的設定是：每篇八百至一千字，附圖一張，編為一頁。經過實踐，發現必須擴充為兩頁（增加字數和圖數），才能在不違反精短易讀的原則下，將命題闡釋清楚。

2006 年底，筆者和主編陳怡芬小姐商量，希望將欄目改稱「科學史話」，每篇擴增為一千八百字左右，附圖二至三張，編為兩頁。陳小姐欣然同意，議定自 2007 年元月起改版。元月號按照計劃改版，但編輯忘記更改欄目名稱。同年 2 月號始改稱「科學史話」，以迄於今。

從「話說科學史」到「科學史話」，從 2005 年至今，承蒙兩岸科學史家頂力相助，這個欄目已進入第七年，已刊出七十餘篇，總字數超過十萬字。根據經驗，坊間圖書以二百五十頁左右、售價不超過二百五十元者最受歡迎。是以將「科學史話」欄目編輯成書，必須適度刪減。

《科學月刊》還有個已開闢三十多年、時斷時續的欄目「大家談科學」。2002 年筆者主持編務時，曾將「大家談科學」恢復（最近幾年再次停輟）。當筆者受命將「科學史話」編輯成書時，覺得「大家談科學」的科學史短文也可納入。這樣以來，刪減的幅度就更大了。

筆者粗估，一本二百五十頁、含有大量圖片的書，所含文字約七至八萬字。也就是說，我得刪減四至五萬字，才能恰到好處。先將和中國無關的內容刪除，字數還是太多。再將科學哲學（通常較為無趣）的文章刪除，仍然刪得不夠。最後將有關民國時期的文章大筆一揮，這才滿足上述條件。因此，本書只收史前至清末、有關中國且有趣易讀的文章。

內容確定後，接下去決定編排順序。筆者試著將選出的文章分類，但各類的篇數過於參差，有些跨學科的文章又很難歸類。幾經考慮，決定依據刊出順序編排。「科學史話」欄目之所以受到歡迎，原因之一是：每期都可能帶來意外的驚喜，我們就維持這一特色吧。

編者編書，通常要做些補綴的工作。「大家談科學」通常無圖，要設法補上。「話說科學史」只附一張小圖，如撐不起場面就要加以更換。至於文字，除了我個人的作品，全都尊重原作，不做任何更動。

筆者長期為「科學史話」及其前身「話說科學史」組稿，如今親手將經手過的文章編輯成冊，雖然不是一己著作，但不免有一種難以言喻的喜悅。

辛卯新正於新店蝸居

CONTENTS
目錄

談中國的馬種

◎—楊龢之

中研院科學史委員會委員

中國人馴養馬匹甚早。在《爾雅》中，馬部的字就有四十幾個，除一些馭馬專用術語外，幾乎各種毛色的馬都有專用字。只有在馬匹極其普遍的情況下，才有必要造這麼多的字。

養馬雖早，但中國馬種卻不怎麼樣。周以前都以四匹並列拉一輛車，只有車戰而無騎戰，直到戰國末期才出現騎兵。當時最好的馬，可從秦始皇陵墓中出土的兵馬俑（見圖）看出。整批殉葬俑按等身比例塑造，幾千個兵俑都是精挑細選的壯漢，馬也應該比當時一般的高明得多。

秦的祖先因善於養馬而發跡，傳統上特注重馬匹飼育。其馬種水準，在七雄中可能只有同為「養馬專家」造父之後，又率先胡服騎射的趙國堪與比肩。但陵墓所見的馬俑，肩高卻只有 135 公分左右，體型小，肌肉也不夠厚實，以今天的標準看實在不怎麼高明。最好的馬不過如此，難怪秦始皇威勢足以併吞六國，卻對匈奴如此

秦始皇陵墓中出土的兵馬俑，按等身比例塑造，馬的肩高約135公分，並非良駒。（維基百科提供）

忌憚，要動員數十萬人修築長城加以防範了。

事隔二千二百多年，中國馬種情況如何呢？據民初調查，當時的馬可分三大類型，肩高如次：

●蒙古馬：肩高約120至137公分，平均128.4公分。

●華南馬：肩高平均115公分。

●西康馬：肩高約111至130公分，平均121公分。

這些數據顯示，不管哪一型的馬，普遍都不如秦代馬俑高大。秦俑的馬是特選的，一般馬應該和民初差不多。二千二百多年來馬種居然沒什麼變化，這是很不可思議的。

不可思議之一是，人類馴養禽畜，恆會擇優繁育不斷改良，讓

較具經濟效益的個體繁衍更多後代。於是綿羊毛越來越長、牛乳產量越來越高、豬體可供食用部分比率越來越大。按理說，用於騎乘、馱載的馬匹，也該越來越高壯才對。不可思議之二是，就算土馬因基因限制不能再改良了，但歷代都曾引進不計其數的西亞良駒，卻似乎不曾再對本土馬種產生任何影響。

按照西方習慣，稱乘騎用馬種為「熱血馬」、牽曳用馬種為「冷血馬」。裏海周圍地區是世界上最佳「熱血馬」的原產地，其支系不少，大多頸細腿長，筋肉結實。今天世界上大多數名種都有其血統。從史籍追索，漢以後此一系統馬種進入中國者幾於無代無之。最早引進大批西亞名駒，是秦始皇身後約一百年的漢武帝時代。這位雄才大略的皇帝苦於匈奴威脅，為了編組強大騎兵對抗，亟需尋找優良馬種。聽說貳師城產「汗血馬」，於是遣使求取。交涉不成派兵遠征，取得上等幾十匹，中等以下馬三千匹而回。匈奴式微後，通往西域的阻礙降低，以大宛馬為代表的西亞馬種進入中國更容易了。

數百年後的大唐盛世，萬邦來朝貢獻方物，包括許多西域駿馬。今天所見唐代繪畫及唐三彩的馬，大多身高腿長、體壯膘肥。雖然沒有等身實物可資測量，但從人馬的比例看，其肩高應在150～160公分，絕不遜於目前許多世界名種。

五代後繼統的宋朝國勢積弱，或不會有許多好馬。但北方的契丹、女真、蒙古各族都以騎射立國，皆注重馬種飼育改良。而元朝更建立了史上版圖最大的帝國，裏海周圍良馬產地全屬其轄境，大批西域馬種進入大都（今北京）不足為奇，史載元廷駿馬難以具述。

　　即使到了明朝，仍常有哈列、薩馬爾罕等西亞國家來貢良駒，甚至一代雄傑帖木耳死後，所遺坐騎還被繼承者作為貢品進獻來華。清朝更不用說了，從郎世寧所畫八駿圖，即可想見乾隆掖庭良駒之概。

　　既然歷代引進不計其數的異種良駒，為什麼到頭來中國馬的普遍型態，還和兩千多年前相差無幾呢？

　　或曰中亞馬種不適應中國的氣候、食物，這當然可能。不過就常情言，即使親代水土不服，也不難利用雜交優勢培育適應本土的下一代，再經「級距繁殖」，不斷提升品質。例如當今衝刺速度最快的「純血馬」，就是三匹阿拉伯種公馬與一群英國母馬反覆雜交的後代。中國引進熱血系統馬種的歷史較西方悠久得多，何以竟無改進土產馬作用？

　　或許進口良駒只供戰陣及騎乘，未用於繁殖？這也不對。事實上歷代多重視馬政，普遍都設置牧馬監、場，有些還有皇家牧場（如明的御馬監、清的天駟院）專司繁育。就算官僚腐敗、宦官侵

漁，也不該全無孑遺。

　　又或許良馬只養在宮中及軍隊，與民間馬種無干？但歷代都常有 V.I.P. 飼養域外駿馬的記述，沒哪個朝代曾規定不准。而許多王朝崩潰後，禁中器物多流入民間，馬匹若像「王謝堂前燕」一樣「跑進尋常百姓家」，也是十分正常的。

　　總之，中國馬種兩千多年的一成不變，就牲畜育種的角度是很難令人理解的。希望海內外博物之士不吝為我解惑。

（2002 年 9 月號）

外來中藥西洋蔘

◎─羅桂環

任職中科院自然科學史研究所

西洋蔘通常稱作美洲人蔘、花旗蔘,是常用的一味補益中藥。說起它成為中藥「百草園」中的一員,還有一段有趣的故事。

眾所周知,人蔘是一種重要的補益藥物,由於它在國人養生和療疾中的突出地位,以至近代來華的西方人士往往對它充滿興趣。雖然西方人沒有因此栽培人蔘,但卻導致他們發現了美洲人蔘屬植物的西洋蔘。

事情還得從十八世紀初說起。1701 年,有位叫杜德美(P. Jartoux)的法國傳教士來華,他根據中國許多藥學書籍對人蔘功效的記載,以及自己的親身體驗,發覺人蔘對提高身體機能,成效卓著;另外,他發覺把人蔘葉子當茶泡著喝,味道也很好。於是在 1708 年(康熙四十七年),他利用受命到東北測繪地圖的機會,調查了人蔘的產地。

杜德美於 1711 年 4 月 12 日給印度和中國傳教會的會長寫了一封

信，詳細介紹了人蔘〔見鄭德弟等譯《耶穌會士中國書簡集‧Ⅱ》（鄭州，大象出版社，2001 年）〕。他在信中提到：1709 年 7 月，他來到一個距朝鮮很近的村子，親眼見到當地人採集的人蔘，他從中取出一枝，依其原來的大小，詳盡地畫下其形態，附於信中，一起寄給會長。信中並附有人蔘產地、形狀、生長狀況及如何採集的詳細說明。他還指出，人蔘產地「大致位於北緯 39～47 度之間，東經 10～20 度（以北京子午線為基準）之間。……這使我覺得，要是世界上還有某個地方生長此種植物，這個地方恐怕是加拿大。因為據在那裡生活過的人們所述，加拿大的森林、山脈與此地的頗為相似。」根據我國生物學家的調查，野生人蔘的自然分布在北緯 40～48 度之間，說明杜德美的推論是非常可靠的。

在杜德美的開發下，不久另一法國傳教士拉菲托（F. Lafitau）在印第安人幫助下，很快在加拿大找到了西洋蔘。後來發現，這種植物在北美洲的五大湖一帶非常多，其自然分布區在北緯 30～48 度之間。然而，當這種植物送回法國的時候，人們並不認為它有什麼營養作用。頭腦靈活的法國商人，馬上想到以美洲人蔘的名義運到廣州。直到 1750 年，法國人已將數量不小的加拿大西洋蔘運來我國，國人也很快地接受。乾隆年間的醫生吳從洛在他 1757 年刊行的《本草從新》一書中，已經對西洋蔘的藥性、氣味、功能、形態和產地

西洋蔘植株及其果實。（維基百科提供）

進行了記述。

由於從十八世紀開始，我國一直花費大量的外匯進口西洋蔘，因此有人考慮引種這種藥用植物。1906 年，有個福州人成功地在當地種植了西洋蔘，不過並沒作為商品栽培。到了二十世紀四〇年代，盧山植物園的陳封懷等又從加拿大成功地引種到盧山，但由於科研經費不足以及鼠害問題，未能使之推廣。直到 1975 年，中國大陸再次從美洲引種，並大面積栽培成功。目前在東北、西北和華北等地都有較大面積的栽培，其總面積達六千畝左右。其中以北京懷柔栽培最多，栽培面積達二千五百多畝。雖然中國大陸西洋蔘栽培有一定的規模，年產量也在十萬公斤以上，但僅占需求量的 10%強，因此每年仍然從美國和加拿大進口大量的西洋蔘。

（2002 年 10 月號）

臺斤和市斤

◎—張之傑

中華科技史學會發起人

在臺灣買東西，一斤是 600 公克。到大陸買東西，一斤是 500 公克。有位來訪的大陸朋友說：「你們連『斤』都有自己的一套，怪不得有人想搞獨立了。」

這位大陸朋友只知其一，不知其二。所謂臺斤，其實就是清朝時全國各地所通用的「斤」。西元 1895 年，臺灣割讓給日本。日本人推行公制，但臺人仍然沿襲自己的習慣，繼續使用舊有的度量衡。當中國大陸也不再使用清朝的舊制時，臺灣使用的舊制度量衡，就自然而然地成為所謂的「臺制」了。

中國固有的度量衡，長度全都採用十進位，如：十分是一寸，十寸是一尺，十尺是一丈。重量的情形較為怪異：一石是一百二十斤，一斤是十六兩，一兩是十錢，一錢是十釐。換句話說，石和斤間採十二進位，斤和兩間採十六進位，而兩、錢、釐間又採十進位。還好，現在已不使用「石」這個單位，否則換算起來就更麻煩了。

中國幅員廣大，各地使用的度量衡難免有些出入。清光緒三十四年（1908），農工商部頒布度量衡統一標準：一尺等於 32 公分，一斤等於 596.8 公克。因此，以 600 公克為一臺斤，不過是個便利計算的近似值，並不是真正的一斤。

民國成立後，有識之士主張採用公制。中國固有的度量衡和國際不能接軌，換算起來極不方便，但由於政局不穩，一直沒能實現。民國十六年（1927），國民政府成立，隨即成立「度量衡標準委員會」，研究實施公制的可行性。最後採納了徐善夫、吳承洛的折衷方案：在實施公制之前，先實施「市用制」作為過度，也就是一公尺等於三市尺，一公斤等於二市斤。市用制的數值和舊制相近，和公制間又有簡單的比例，民國十七年（1928）公布後，漸漸普及開來。當時臺灣還沒光復，不可能實行市用制，這就是臺灣和大陸度量衡不一致的原因。

市用制的一市尺，等於舊制的 1.1 尺；一市斤，等於舊制的 0.83 斤；都相當接近。這還不說，市用制和英制也湊合得起來，兩相換算，一市尺等於 1.09 呎，一市斤等於 1.1 磅。對於習慣了「差不多」的中國人來說，這的確是一種很好的設想。

中國的度量衡，從戰國到東漢，基本上變化不大。在這六、七百年間，一尺在 23 公分上下，一斤在 250 公克上下。《三國演義》

上說，關公身長九尺、張飛八尺、劉備七尺半，換算起來分別是 201 公分、184 公分、172.5 公分，並不離譜。

到了魏晉南北朝，度量衡的數值開始增大。隋、唐統一時，一尺增加到 30 公分左右，一斤增加到 600 公克左右，此後又固定下來，基本上沒有多大變化。然而，以唐、宋、元、明、清為背景的小說，仍然說某某人身長八尺、九尺，是不是離譜了呢？不是的。儘管尺的長度有所變化，但量人時依

關公身高九尺，約 200 公分。圖為日本江戶浮世繪畫師哥川國芳所作關羽刮骨療傷圖。（維基百科提供）

舊使用古尺，這和中國傳統醫學的保守性有關，否則怎麼和古籍對應？西潮東漸之前，以古尺量人的傳統從沒變過。

（2004 年 5 月號）

從古人偏好單眼皮說起

◎──張之傑

近十年來為了編輯美術書，我對美術史下過一番功夫，不期然地開創出科學史與美術史會通的道路。在已發表的十幾篇論文、幾十篇通俗論述中，最有趣的一篇──〈單眼皮，雙眼皮：由仕女圖引發的觀察和思索〉，刊於本刊 1997 年 6 月號。

單眼皮是蒙古人種的特徵之一，起因是上眼瞼的上方脂肪較多，形成一道褶襞，將上眼瞼蓋住。中國是個多民族國家，隨著南方民族融入，雙眼皮早已十分普遍，但歷代仕女圖所畫的美女，全都畫成單眼皮，這顯然和審美觀有關。

寫作那篇通俗文章時，我注意到審美觀的轉變問題。唐人崇尚穠艷豐肥，明清崇尚柔弱清瘦，這意味著什麼？是中國人的體質愈來愈孱弱的寫照嗎？人的胖瘦主要取決於營養，盛世和衰世營養狀況不同，但盛唐把仕女畫胖，晚唐何曾畫瘦？康乾盛世，還不是畫得病懨懨的。繪畫，特別是仕女畫，反映的不是現實，而是集體意

識所形成的審美觀。

審美觀反映著民族興衰，當人們視多愁多病為美，怎能不日趨文弱？中國人原本以碩大為美：《詩經・衛風・碩人》寫齊莊公的女兒莊姜嫁給衛莊公的事，莊姜是個大美人，她除了「手如柔荑，膚如凝脂……巧笑倩兮，美目盼兮」，還有高大的身材。以「碩人」做篇名，先秦的審美觀已不言可喻了。

漢唐繼承先秦的審美觀，試看漢畫，哪一幅不是人強馬壯，大漢天威豈是偶然！再看唐代繪畫和唐三彩，無不健碩而有生氣，大唐雄風如在眼前。即使是五代和兩宋，所繪人物也不失雍容。然而到了明清，以碩大為美的審美觀喪失殆盡，所繪仕女，個個成為弱不禁風的病美人。

我曾研究過東洋畫，日本人雖然矮小，但浮世繪所畫的人物，無不高大健碩。浮世繪出現於江戶時期（相

唐・周昉〈簪花仕女圖〉局部，顯示鳳眼單眼皮。

當於明末至清中晚期），我曾比較同一時期中日兩國的春畫，中國人連性愛這檔子事都畫得軟弱無力，受欺於「小日本」也就無話可說了。

西潮東漸以前，無人對中國的病態審美觀提出反省，據我所知，只有龔自珍寫過一篇〈病梅館記〉，可惜未能發生任何影響。到了抗戰，羅家倫的《新人生觀》有一篇〈恢復唐以前形體美的標準〉，提出積極的見解。中國人真正脫卸病態審美觀，是毛澤東取得政權以後的事。毛朝的藝術可用「高、大、壯」三個字概括，但那是一種虛矯的健碩，欠缺內在的藝術生命。

毛澤東說過：「矯枉必須過正」，毛朝革命藝術的意義或許就在此吧？它未能創生出偉大的藝術，卻將病態審美觀掃進歷史。毛澤東渾身罪惡，只有這一點，我對他拍手叫好。

（2004 年 9 月號）

談談眼鏡的歷史

◎—張之傑

我小時候眼睛非常好。高三那年，聽一位在清泉崗空軍基地當兵的玩伴說，飛官吃飛行伙食，每餐都有雞腿和牛排。這消息對我們這些窮小子很有吸引力，於是瞞著家人報考空軍官校。當空軍，先得通過體檢，我的視力沒問題，沒想到反而是因為鼻子的一個先天性小毛病——鼻中隔彎曲，沒能吃成飛行伙食。

上了大學，課業加重，視力沒以前好了，但直到畢業，仍然維持在 1.2 左右。進入研究所，課業更重，加上學的是組織學，天天看顯微鏡，視力退步到 0.9 至 1.0。接下去長期從事文字工作，視力不可能不退步。但不管怎麼說，在同齡人中我的眼睛算是最好的了，至今未戴眼鏡。

我的眼睛這麼好，兩個兒子卻從小就戴眼鏡。並不是因為他們比我更用功，而是用眼力的機會多了。做完功課，馬上看電視或玩電腦，眼睛一刻也不得休息，焉能不近視？我們小時候班上戴眼鏡

的寥寥無幾，如今不戴眼鏡的反而成為異類，撫今追昔，能不感慨係之？

眼鏡是西方文明的產物，也是最早傳到中國的光學儀器。文藝復興以前，中西科技各擅勝場，但在玻璃方面，中國遠遠不如西方。中國只會製造半透明的玻璃飾物，西方很早就會製造透明玻璃。約西元前200年，巴比倫人就會吹製玻璃器皿。到了古羅馬，玻璃工藝已相當成熟。

西方人擅長玩玻璃，玩久了難免會有意想不到的發現。大約1286年，一位義大利比薩城的佚名玻璃工，無意間發現透鏡可以矯正視力，於是眼鏡這種光學儀器開始登上歷史舞臺。眼鏡漸漸普及，古籍和古畫上開始出現眼鏡，最早的眼鏡文獻是一幅作於1352年的畫像。因此我們可以大膽地說，至遲到十四世紀中葉，眼鏡已在歐洲的上層社會普及開來。

早期的眼鏡都是老花眼鏡，也就是矯正遠視的凸透鏡，直到十六世紀才有矯正近視的凹透鏡。這些早期眼鏡鏡框很小，沒有鏡架，佩帶時直接夾在鼻樑上。由於使用不便，後來又發明了繫繩式眼鏡，也就是繫上繩子，套在頭上或耳朵上。再經過改進，帶鏡架的眼鏡就出現了。

眼鏡大約明朝初年（十五世紀初）傳到中國，剛傳入時稱為

明人繪《南都繁會景物圖卷》局部；圖中出現眼鏡。

「璦靆」，這是阿拉伯語或波斯語的音譯，可見這個西洋玩意兒是經由回教國家傳進來的。到了明末，眼鏡已十分普遍，有些人甚至以製造眼鏡維生。中國不產平面玻璃，就用水晶代替，效果反而較玻璃更好。

　　到了十八世紀，各大城市出現了眼鏡店。文人墨客開始詠眼

鏡，清初大曲詞家孔尚任，四十多歲作過一首〈試眼鏡〉，其中有句：「西洋白玻璃，市自香山嶴。製鏡大如錢，秋水涵雙竅。蔽目目轉明，能察毫末妙。暗窗細讀書，猶如在年少。」試戴眼鏡的欣喜溢於言表。

（本文參照戴念祖《文物與物理・眼罩和眼鏡》一文寫成，謹致謝忱。）

（2005 年 1 月號）

中國古代對動物雜交的運用

◎──曾雄生

任職中科院自然科學史研究所

雜交技術是現代農業中所廣泛採用的一種育種技術，自上個世紀五、六〇年代以來，隨著雜交技術的日益進步與廣泛運用，培育出大量的高產能農作物品種，如雜交玉米、雜交水稻等，從而導致了所謂的綠色革命。

在此之前，中國很早就將雜交優勢用於家畜。今日華北地區常見的家畜騾是雌馬、雄驢雜交所產的後代。東漢許慎《說文解字》說：騾，驢父馬母也；駃騠，馬父驢母也。騾和駃騠保留了驢和馬的一些外形特徵，似驢非驢，似馬非馬。駃騠較少用處，人們不會主動讓雄馬、雌驢雜交。

馬和驢的雜交最初是在自然狀態下進行的。先秦時期的北方游牧民族，便利用馬驢雜交產生雜種後代騾和駃騠，並開始輸入內地。秦、漢天下統一，隨著內地與西北邊疆少數民族地區聯繫的日益加強，原本產於西北地方的驢、騾則被大量地引進到中原地區，

騾。（富爾特授權）

促進了內地驢、騾業的發展，和對驢馬雜種優勢認識的提升。

　　北魏賈思勰《齊民要術》說：驢覆馬生，則準常。以馬覆驢，所生騾者，形容壯大，彌複勝馬。意思是說雄驢配雌馬所生的，雜種優勢不太明顯，而雄馬配雌驢所生的騾（即駃騠）則優勢明顯，要做到這一點，則必須對母驢有所選擇，要求齒齡七、八歲，而且

骨盆大的，然後所生騾才具有優勢。說明當時，不僅認識到了馬驢雜交具有優勢，而且注意到雜交優勢與母體效應的關係。

中國古代的動物雜交不僅運用於馬驢之間，還用於其他動物的育種，如牛、雞、鴨、家蠶等等。

牛便是犛牛和封牛雜交的產物。犛牛原是一種凶猛的野牛，在青藏高原被馴化後，成為藏族人民最重要的家畜。在藏族和周圍各族的交往之中，他們引進了封牛品種，然後與當地犛牛雜交，產生了牛。牛保留了犛牛的優點，但比犛牛性情更溫順，肉味更鮮美，產乳量更高，駝運挽犁能力更強，對氣候變化的適應性也勝過犛牛。牛的記載始見於唐代，而犛牛與封牛雜交生牛的記載則最早見於明代葉盛的《水東日記》。

擺夷雞是家雞與野雞雜交所產生的後代。中國雲南西霜版納的族（與泰國人同族），從前稱為擺夷。擺夷地區有一種野雞，是現代家雞的祖先，歷史上擺夷人曾利用家雞與野雞雜交，培育出擺夷雞，又名矮雞，其特點是足短而鳴長。

騾、牛和擺夷雞最初都是在少數民族地出現的，而以種田養蠶為主的漢族地區，在動物雜交技術方面也有成就，這不僅是漢族地區很早就利用了騾等雜交培育出來的家畜進行生產和運輸，而且也進行了一些雜交育種方面的工作，如將雜交優勢運用於蠶種生產。

明代宋應星在《天工開物》中提到，用一化性的雄蛾與二化性的雌蛾雜交，透過人工選擇培育出新的良種。

（2005 年 2 月號）

中國古代蚊香的發明

◎─羅桂環

蚊子是人們非常討厭的一種「吸血蟲」，人們對這種蟲子的厭惡由來已久。宋代著名學者歐陽修寫的〈憎蚊〉詩中說牠們「雖微無奈眾，惟小難防毒」；讓人感喟「熏之苦煙埃，燎壁疲照燭」就突顯了人們這種心境。

為了防止蚊子的禍害，人們逐漸發明蚊帳和蚊香。其中蚊香的發明可能與古人端午節的衛生習俗及燒香祭祀的習俗有關。《荊楚歲時記》記載：端午四民踏百草，采艾以為人，懸之戶上，禳毒瓦斯。早年端午節人們除了在門口插上艾草外，還常浸泡雄黃酒塗在身上。這樣做可能使空氣清新一些，其次還有防止蚊子叮咬的作用。記得年幼的時候，母親在端午節往我額頭點雄黃酒的時候，就說可以防止蚊子咬。一般家長還會給自己的孩子掛上香袋，再吃一些蒜頭增強防病和驅蟲的效果。

另外，我國歷來有燒香祭祀的習俗。燒香從什麼時候開始產

生，目前已難稽考，但漢代應已開始，因為在西漢時已經有香爐。另外，史籍記載，漢代曾透過焚燒「月至香」以「避疫」。說明燒香的功能已從「與神明溝通」延伸到「避疫」。

蚊香出現的具體時間目前還不太清楚。從上述歐陽修的詩中可以看出人們已用煙燻的辦法驅蚊。不過，歐陽修的詩中沒有提到用何種材料產生煙霧。根據筆者看到的資料，原始的蚊香出現於宋代。宋代冒蘇軾之名編寫的《格物粗談》記載：端午時，收貯浮萍，陰乾，加雄黃，作紙纏香，燒之，能袪蚊蟲。這應當是較早的「蚊香」。其中提到的材料是很有意思的，雄黃是硫化砷礦石，也是古代用途很廣泛的殺蟲劑。書中還提到製作蚊香時，於端午節時取材，不禁讓人聯想到「蚊香」與這個節日插艾草和喝雄黃酒的習俗有某種關聯。

明末的《譚子雕蟲》一書記載：蚊性惡煙，舊雲，以艾熏之則潰。然艾不易得，俗乃以鰻鱔鱉等骨為藥，紙裹長三四尺，竟夕熏之。上述記載說明古人確實曾用端午節懸於戶外的艾作

日本燃燒蚊香用的蚊香豬。（維基百科提供）

燻蚊的材料。當然這種蚊香的產生，在製劑技術上可能還跟艾在針灸用途產生的啟發有關。根據宋代《本草衍義》記載：艾葉乾搗篩去青渣取白，入石硫黃為硫黃艾炙。很可能是在這種「硫磺艾炙」製作工藝的基礎上，使人們聯想到將浮萍乾末加雄黃粉製作出實用「蚊香」。

宋代的蚊香在清代江南地區得到進一步改善。有關這點筆者沒有查到國內的文獻資料，但從一個近代來華採集茶種的英國人福瓊（Robert Fortune）的著作《A Residence among the Chinese》（居住在華人之間）中看到相關記載。1849 年，福瓊從浙江西部到福建武夷山的途中，由於氣候炎熱潮濕，他和隨從都被蚊子叮得整夜無法閤眼。後來隨從購買了當地人使用的蚊香，對驅殺蚊蟲很有效。他把這個訊息帶回歐洲，引起西方昆蟲學家和化學家極大的興趣。後來，他在浙江定海了解該蚊香的配方，發現此種蚊香由松香粉、艾蒿粉、煙葉粉、少量的砒霜和硫磺混合而成。

儘管中國古代已經有蚊香，但進行技術革新並使之進行工業化商品生產卻是由外國人首先進行的，這說起來不免讓人遺憾。

（2005 年 5 月號）

麟之初

◎—楊龢之

麒麟是中國歷史記錄上經常出現的動物，然而多半疑點重重，難以確信。除了明初盛極一時的長頸鹿外，很難斷定是哪個物種。

最早關於麟的明確記載，是《春秋・哀十四年》：「西狩獲麟。」可惜孔子惜墨如金，無法讓人理解究竟是什麼動物。

闡述《春秋》的三傳中，《左傳》敘述事實、《穀梁傳》解釋筆法，對物種特徵似乎不感興趣。倒是《公羊傳》有長篇大段的驚人之語。說是「有王者則至，無王者則不至」的「非中國之獸」；如今好不容易出現，卻被地位低下者殺了。孔子因而傷心落淚：「吾道窮矣！」還說麟的樣子是「麇而角者」。

歷代注疏家在《公羊傳》基礎上加油添醋，越描越像回事。大致為鹿身、牛尾、狼額、馬蹄、獨角；是連生草都不肯踐踏的「毛蟲」（相當哺乳動物）之長。更重要的，是在「領袖聖明」時才會

出現。因此，歷代總有不少傢伙刻意編造讓皇帝樂一樂，光是漢章帝在位的十三年當中，麒麟就出現五十一次。

許多沒頭沒腦的麒麟不免讓人懷疑。宋代海路大開，聽說有一種叫「giri」（索馬利亞語）的頸高腿長怪獸，遂有人開始附會，但還不是很普遍。直到鄭和下西洋後，這動物真的以進貢的名義來了，於是順理成章「對號入座」。誰敢觸皇帝霉頭硬說不是麒麟呢？

然而長頸鹿只產於東非（生物地理學稱「衣索比亞區」），不可能跑到山東來。孔子所見的物種，必須從更早的文字、文獻中推求。

就文字看，「麟」是後起形聲字。甲骨文有兩種象形文寫法。特徵是角、尾都分三岔。三代表多數，獸類中只有鹿角多岔，但沒有岔尾的，這是表示尾長而尾端帶毛。是一種形態特殊的鹿種。

《詩・周南・麟之趾》：「麟之趾，振振公子，于嗟麟兮！麟之定，振振公姓，于嗟麟兮！麟之角，振振公族，于嗟麟兮！」將麟的趾、定（額頭）、角

甲骨文麟字的兩種寫法。

等比喻為貴族。大概是較為稀有，且這些部分不同於其他鹿。

　　從這些線索推斷，這應是今俗稱「四不像」的麋鹿。絕大部分鹿種的尾巴都只短短一截，就牠長達三十公分，且尾端有長毛。就蹄（趾）言，鹿科動物只有牠和古人不可能見到的馴鹿蹄特寬。就額頭言，牠的臉特長，兩角基之間特寬。就角言，一般鹿角第一岔多向前；只有牠朝後，且特長。

武漢動物園的四不像鹿。（維基百科提供）

就習性來說，一般鹿種棲地多為草原林間，牠卻活動於沼澤地帶。各種特殊性狀多是適應環境而特化的，如長尾可驅趕蚊蠅、寬蹄適宜泥濘。

　　關鍵就在此。人類開始農耕後，河邊澤岸先成良田。不斷開發結果使這特殊鹿種生存空間越來越小。《詩經》的年代數量已經不多，故用以比喻貴族。到了春秋末年山東地區大致絕跡，除了博學多聞的孔子，已沒人認得那從外地迷途而來的倒楣傢伙了。

　　大凡習見之物不用多說；不曾存在者則無從說起。只有過去確有而如今早絕者才有想像空間。麟的形象變化，正反映一個物種的消失過程。

（2005 年 6 月號）

以蟲治蟲的古老妙方

◎─余君

任職中科院自然科學史研究所

在生物界中，各種生物之間存在著微妙的生態關係，其中，食物鏈的關係就是其中一種。古人很早就認識到生物之間的這種關係，並將其應用到農業、園藝當中。

在傳稱西晉（西元 265～316 年）嵇含所作的《南方草木狀》一書，有一則用黃蟻防治柑子樹病蟲害的記載。書中寫到：

> 「交趾人（今華南地區和越南北部）以席囊貯蟻鬻于市者，其窠如薄絮囊，皆連枝葉，蟻在其中，並窠而賣，蟻赤黃色，大于常蟻。南方柑樹若無此蟻，則其實皆為群蠹所傷，無複一完者矣。」

從這則史實中，可看出華南一帶的農民當時已用蟻防治柑橘蠹蟲。文中指出，用於防治柑橘害蟲的是一種赤黃色的大螞蟻，如果不用牠防治害蟲的話，柑橘的果實常常遭受巨大損壞。這段記載表

明，我國農民已經在一千多年前開始頗有成效的生物防治。

除了《南方草木狀》對黃蟻防治柑橘樹害蟲有記載以外，還有很多古書也記載了這方面的知識。比如，唐代段成式《酉陽雜俎》、劉恂《嶺表錄異》、南宋莊季裕《雞肋編》等。而清初廣東人屈大均在《廣東新語》一書中，對這種用蟻防治柑橘害蟲的具體措施記載的尤為詳細。書中說：「土人取大蟻飼之，種植家連窠買置樹頭，以藤竹引渡，使之樹樹相通，斯花果不為蟲蝕。柑橘、林檬（即檸檬 Citrus limonum）之樹尤宜之。」對蟻的養殖和施放技術都有細致的描述。

此中所說的赤黃色的「蟻」、「大蟻」，據西北農林科技大學的周堯教授研究就是黃蟻，學名為 Oecophylla smaragdina Fabricius，又叫「黃柑蟻」，屬蟻亞科。黃蟻大型工蟻體長 1 公分左右，雌蟻的形體比工蟻大，體長在 1.6 公分左右。體呈黃色。總體而言，它確實「大于常蟻」，而且呈「赤黃色」。

黃蟻分布於大陸廣東、廣西、海南、雲南等地，國外在南亞、東南亞

黃蟻圖，左上為雌蟻，右上為雄蟻，左下為大工蟻，右下為小工蟻。（余君提供）

以及澳大利亞等氣候溫暖的地區也有分布。它是一種樹棲昆蟲，常喜築在枝葉較密的樹上。巢主要以幼蟲吐出的分泌物和植物葉子等黏結而成，幼蟲是築巢過程的重要工具。幼蟲在營巢活動中被小型工蟻的上顎叼著穿梭於植物葉子間，從而使植物葉片被幼蟲吐出的絲黏結在一起，形成一緊密的巢。因此古書記載黃蟻「窠如薄絮囊，皆連枝葉。」工蟻日夜守護在巢外，一旦受驚，大量工蟻會湧出巢外，張開上顎，豎起腹部，從肛門射出一種液體以御敵。

黃蟻捕食大綠春象、吉丁蟲、橘紅潛葉甲、天牛、銅綠麗金龜、葉甲（金花蟲）、綠鱗象甲、葉蜂等昆蟲。這些昆蟲中很多都是柑橘科植物的天然害蟲，也就是古書中記載的「群蠹」。

值得一提的是，黃蟻儘管分布很廣，但中國對它的利用是最早的，而且現代閩粵等地的柑橘園中還有採用這種方法防治蟲害。在中國古代有關生物和農學的著述中，還有不少這類病蟲害生物防治的記述。充分的挖掘和整理這方面的遺產，在強調減少農藥污染，保護環境的今天，依然有良好的借鏡意義。

（2005 年 7 月號）

鄭和的寶船有多大？

◎—張之傑

本刊 7 月號我寫了一篇專文
——〈海的六百年祭——
為紀念鄭和下西洋六百週年而
作〉。7 月 2 日拿到 7 月號，3 日
就飛往南京，出席 4 日至 6 日的
「紀念鄭和下西洋六百週年國際
學術論壇」，此行得到不少第一
手資料。

在海文中，我說太倉今屬南
京，錯了，今屬蘇州才對。這是
過於輕忽所致。其次，關於鄭和
寶船的尺寸，海文說：「鄭和的
旗艦長44.4丈（125.65公尺），寬

下西洋造船廠遺址所出土寶船舵桿。張之傑攝

18 丈（50.94 公尺）」。這是根據《瀛涯勝覽》某一版本的記載，也是唯一的記載。鄭和下西洋的檔案於成化年間悉遭焚燬，所幸有三位基層隨員各自撰成一部小書，其中以通譯馬歡的《瀛涯勝覽》最為豐贍，筆者寫作海文時並未深思，就隨俗寫下這個數據。

7月4日參加「龍江寶船廠遺址公園」開園儀式後，我開始對長44.4 丈、寬 18 丈的說法產生懷疑。

第一，龍江造船廠遺址原有七條作塘（船塢），現在只剩三條，我們參觀過已挖掘過的六號作塘，目測寬度約 40 公尺。另兩條作塘的寬度目測與此相若。當時就想：這個寬度的船塢能建造 50.94 公尺寬的寶船嗎？

將長 44.4 丈、寬 18 丈折合成 125.65 公尺、50.94 公尺，是根據福建出土的一把明尺（28.3 公分）折算的。考古學家挖掘六號作塘時，出土了一把明尺（31.3公分），依此折算，長寬增為長 138.97 公尺、寬 56.34 公尺。以作塘的寬度，要建造寬 56.34 公尺的寶船就更難想像了。

回臺後上網查閱中國社會科學院院報的考古報告，果不其然：「第六作塘的橫截面呈倒梯形：上口寬 44 米，下底寬 12 米～15 米。兩作塘間的堤岸也呈梯形：上寬約 33 米，下寬約 60 米。」就算堤岸較現今高出許多，上口的寬度恐怕還是不敷建造50.94（甚或56.34公

尺）寬的寶船吧。

　　第二，除了船塢不夠大，鄭和寶船的長寬比約二點四六比一，世間哪有這種「腹大腰圓」的船？明初設立的寶船廠，明中改稱龍江船廠，根據嘉靖年間刊刻的《龍江船廠志》，龍江船廠造過二十三種船舶，長寬比大多超過五比一，最寬的浮橋船，也超過四比一。山東蓬萊出土的元代戰艦，長寬比約六比一。現今的戰艦可至八比一。所謂鄭和寶船長 44.4 丈、寬 18 丈，明顯有違常理。

紀念鄭和下西洋六百週年中國大陸所發行郵票。

第三，古畫中帝王遊玩用的龍船或樓船，長寬比的確較小，因此有人認為，長 44.4 丈、寬 18 丈的寶船，或許用作儀仗，只在江中巡弋，並不出海。鄭和是個太監，明初太監還不敢胡作非為，鄭和會傻到建造比太和殿還大的寶船招搖惹禍嗎？

第四，木材的剛性，能否支撐長 44.4 丈、寬 18 丈的船體？希望材料學家計算一下。喧騰一時的拉法葉艦，長不過 125 公尺，寬不過 15.4 公尺。以木材製作比拉法葉艦還要大的船，材料問題能解決嗎？

鄭和的寶船到底多大？答案是：它一定很大，否則就不會「篷帆錨舵，非二三百人莫能舉動」，但長 44.4 丈、寬 18 丈的說法顯然是不正確的。

（2005 年 8 月號）

神州名花——杜鵑

◎—羅桂環

杜鵑是因鳥名而著稱的花卉。《華陽國志‧蜀志》等古籍記載，周代末年，蜀帝杜宇因悲亡國之痛，死後魂魄化作杜鵑鳥，悲鳴啼血染紅了杜鵑。北宋詩人梅堯臣為此在一首吟詠杜鵑的詩中寫道：「月樹啼方急，山房客未眠，還將口中血，滴向野花鮮。」杜鵑鳥有濃烈的悲情色彩，以至於愛國詩人文天祥在他南歸無望時沉痛地吟下「從今別卻江南路，化作啼鵑帶血歸」的千古絕唱；杜鵑也因此有如烈士遺孤，讓人充滿愛憐。

上述典故是種頗富浪

臺灣平地最常見的杜鵑花之一——艷紫杜鵑。（張育森提供）

漫色彩的聯想，這種聯想很大程度上生動反映出杜鵑在中國大陸四川普遍分布，和杜鵑鳥開始啼鳴時代表花季已到的實際生活經驗。現代植物學研究發現，大陸西南的藏東南、川西南和滇北的橫斷山區是杜鵑花的發祥地和現代分布中心。這是一個龐大的家族。全世界有八百五十種以上，然而在中國大陸就有六百多種。

　　杜鵑分布的地域差別很大，植株的大小高低也大不相同。矮小如匍匐在藏東南石壁上的紫背杜鵑（Rhododendron forrestii）高不過數寸，偉岸如長於雲南西部的大樹杜鵑（R. giganteum），高可達 25 公尺。杜鵑的花色豐富，爭奇鬥艷，美不勝收，被譽為大陸天然三大高山名花（另兩類是龍膽和報春）。杜鵑不但在西南種類繁多，而且在大陸普遍分布，它們常在山區成片生長，有時宛若花的海洋。有「木本花卉之王」之稱。古人很早就注意到這類美麗的花卉。

　　杜鵑這一個名稱較早見於李白「蜀國曾聞子規鳥，宣城還見杜鵑花」的詩句。早先人們提到的杜鵑主要是大陸常見的映山紅（R. simsii）。宋人記述它分布於「山坡欹側之地，高不過五七尺。花繁而紅，輝映山林，開時杜鵑始啼，又名杜鵑花。」這種花在筆者的故鄉閩西叫羊角花，是一種高二米左右的灌木。枝條細而直，有毛。葉卵形或橢圓形，綠色。花二朵簇生枝頂；花瓣五片，粉紅或鮮紅色，長四厘米，脆甜可食。結卵圓形果實。映山紅春秋均可開

花，花粉紅色。在清明前後花開時，漫山遍野燦若紅霞，蔚為壯觀。它廣泛分布在大陸的長江流域各省，東至臺灣，西至雲南和四川，變種非常多。

映山紅在古代也稱「山石榴」，是古人非常喜愛的一種花卉。唐代詩人白居易對它似乎情有獨鍾。他被貶江西九江時，不僅栽種，而且還用來寄贈朋友。他的〈山石榴寄元九〉這樣寫道：「日射血珠將滴地，風翻火焰欲燒人。……花中此物似西施，芙蓉芍藥皆嫫母。」白居易的詩中還提到一種「山枇杷」，很可能指的是分布於秦巴山區的美容杜鵑（R. calophytum）。白詩這樣寫道：「火樹風來翻絳焰，瓊枝日出曬紅紗。回看桃李都無色，映得芙蓉不是花。」足見詩人對此花的激賞。唐代栽培的杜鵑已不只一種，李德裕的《平泉山居草木記》裡面已經有兩種杜鵑。現下大陸著名的栽培種類除映山紅外，還有尖葉杜鵑、腺房杜鵑、似血杜鵑和露珠杜鵑等。

一百多年來，英美等國在大陸大量引種杜鵑，培育眾多觀賞品種，已達八千多種，僅次於月季，成為世界園林花卉中的後起之秀。

（2005 年 9 月號）

中國古代石油的利用

◎—郝俠遂

任教淡江大學化學系

石油直覺與能源、引擎、燃料、塑膠等科技名詞相連。在空間上，直覺會設定在歐美科技先進地區或中東的產油區；在時間上，會設定在近兩個世紀。在一般觀念中，很難把石油與古代的中國聯想在一起。其實，石油早已被先民利用，雖不普遍，但用途是很多元的。石油在中國歷代主要的用途簡述如下：

一、製燭與照明：

唐、宋以來，陝北地區開始用含蠟量甚高的石油製作蠟燭，稱作石燭。南宋詩人陸游在《老學庵筆記》中談到石燭：「燭出延安，予在南鄭數見之，其堅如石，照席極明，亦有淚如蠟，而煙濃，能薰汙帷幕衣服。」宋白的〈石燭詩〉中有「但喜明如蠟，何嫌色似黳」句。據此，可猜測石蠟可能用天然流體瀝青灌成，故色黑。到元代，石蠟製燭已有相當規模，還出現了灌燭工廠。明代，

陝北地區發展出用石油點燈的技術，明代曹昭《格古要論》記載：
「石腦油出陝西延安府。陝人云：『此油出石岩下水中，作氣息，
以草拖引，煎過（註：可能是簡單的蒸餾），土人多用以點燈。』」
據此可見，五百多年前，我們的先人已初步掌握了從石油中提煉燈
油的技術。

二、製墨：

　　北宋時沈括發明了用石油煙炱製墨，並給這種墨起名為「延川
石液」，這是世界上以石油製造炭黑的開始。沈括《夢溪筆談》卷
二十四：

　　「鄜延境內有石油，生於水際沙石，與泉水相雜，惘惘而出。
　　土人以雉尾挹之，乃採入缶中，頗似淳漆，燃之如麻。但煙甚
　　濃，所沾帷幕皆黑。予疑其煙可用，試掃其煙以為墨，黑光如
　　漆，松墨不及也。遂大為之，其識文為『延川石液』者，是也。
　　此物後必大行於世，自予始為之。蓋石油至多，生於地中無窮，
　　不若松木有時而竭。今齊、魯間松林盡矣，漸至太行、京西、江
　　南，松山大半皆童矣，造煙人蓋未知石煙之利也。」

三、補漏：

元朝周密《志雅堂雜鈔》：

> 「酒醋缸有裂破縫者，可用炭燒縫上令熱，卻以好瀝青末摻縫處，令融液入縫內，更用火略烘塗開，永不透漏，勝油灰多矣。」

四、潤滑：

晉代張華《博物志》：

> 「酒泉延壽縣南，山出泉水，大如筥，注地為溝，水有肥如肉汁。取著器中，始黃後黑，如凝膏，然極明，與膏無異。膏車及水碓釭（註：釭就是軸承）甚佳。」

五、治皮膚病：

清趙學敏《本草綱目拾遺》卷二引常中丞《宦遊筆記》：

> 「西陸赤金衛東南一百五十里，有石油泉。色黑氣臭，土人多取以燃燈，極明，可抵松膏。或云可冶瘡癬。」

《元一統志》：

「在宜君縣二十里姚曲村石井中，汲水澄而取之（指石油）。氣雖臭，而可療駝馬羊牛疥癬。」

六、作戰時之火攻武器：

北宋曹公亮的《武經總要》和明朝茅元儀的《武備志》這兩部有名的兵書上，都詳細地說到用石油的攻守方法，限於篇幅，不在此贅述。

宋《武經總要》猛火油櫃圖。

（2005 年 10 月號）

臺灣的檳榔芋

◎─張之傑

政府開放大陸往返以來，我去過大陸約三十次，結識了不少大陸朋友，其中有幾位是少數民族。有次和一位維吾爾族朋友談起少數民族問題，他以揶揄的口吻說：「什麼是漢族？就是五十五個少數民族以外的亂七八糟的一大群！」

乍聽之下，這位維族朋友的話似乎過分，但仔細想想，又為之莞爾。漢族的確不是一個純淨的民族，當您搭乘京廣鐵路從廣州北上，最能體會這位維族朋友的意思了。一路上車的旅客非但口音各異，連長相也跟著一變再變，這哪算是一個純淨的民族！然而，藉著漢字和儒家文化，大家緊密的結合成一個文化共同體，在世界上還不容易找出類似的例子。

以臺灣的漢族來說，就摻雜著原住民的成分。原住民屬於南島語族，大約五千五百年前從華南遷到臺灣。他們獨自生活了五千多年，才被西方列強和漢人的勢力侵入。嘉慶朝以前，朝廷限制內地

人移居臺灣，一些膽子大的窮苦農民，就冒險度過黑水溝，偷渡到臺灣找尋生計。當時來臺的漢族婦女少之又少，所謂「有唐山公，無唐山嬤」，不正說明我們祖先的婚姻狀況嗎？

我們祖先娶了平埔族的妻子，後代子孫當然具有平埔族的血統，也無可避免地承襲了若干平埔族的習俗。舉例來說，嚼食檳榔就是其中之一。中國南方有許多地方有吃檳榔的習慣，但嚼得滿嘴通紅的配方卻是臺灣原住民傳下來的。

當然了，除了令人厭惡的檳榔，平埔族也遺留下若干優異的農產品，像我們製造「芋仔冰」所用的檳榔芋，就是其中之一。這項原住民珍貴的遺產值得我們大書特書。

人們往往有個錯覺，認為原住民在漢化以前，主要靠著漁獵過活。事實上，不論是平埔族還是高山族，營生方式都以農耕為主、漁獵為輔。在明末清初，他們種的糧食作物主要是小米、芋頭和番薯。

清領初期，前來臺灣的官吏和幕客發現，臺灣的芋頭品種多、體型大，其中以檳榔芋讓人印象特別深刻，康熙朝的《臺海使槎錄》、《諸羅縣志》、《鳳山縣志》、《臺灣縣志》，乾隆朝的《臺海見聞錄》、《重修臺灣縣志》，都有檳榔芋的記述。當時內地可能還沒有檳榔芋，否則怎會不厭其煩的一記再記？

直到現在，檳榔芋仍然經常搬上餐桌，或用來製作臺式糕點和

乾隆初巡台御史命畫工繪製十七幅〈番社采風圖〉中的種芋圖。（作者提供）

冰品。可惜原住民所作育的芋頭似乎只留下檳榔芋，許多文獻上記載的品種都絕種了。

芋頭原產於新幾內亞，這種塊根植物的傳播顯然和南島語族的活動有關。臺灣原住民的祖先從華南渡過臺灣海峽來到臺灣，然後

以臺灣做跳板，次第分布到菲律賓、印尼、馬來西亞和南太平洋，甚至向西分布到印度洋的馬達加斯加。在遷徙過程中，他們開始接觸到芋頭，然後輾轉傳到臺灣和中國大陸。

　　根據清初文獻，原住民的芋頭品種相當多，可見傳到臺灣已相當久遠了。原住民不懂得育種，若非歷經長時間的突變，是不可能有那麼多品種的。

（2005 年 11 月號）

古人觀測溼度的方法

◎─劉昭民

前民航局氣象中心研究員

唸過氣象學、地球科學和物理學的人都知道，大氣溼度的變化和天氣的轉晴或下雨、濃霧的出現或消散，都有極密切的關係。當大氣溼度增加時，極有利於下雨或者出現濃霧。反之，當大氣溼度減少時，天氣將轉晴，也不利於濃霧出現。所以現代的氣象人員要使用乾溼球溫度表、毛髮溼度計、毛髮溼度表等儀器來觀測大氣的溼度，提供給預報員從事天氣預報之用。古代先民雖然缺少這些現代化氣象儀器來觀測大氣的溼度，但是他們很早就已經注意到大氣溼度的變化對天氣變化的影響，並使用簡單的工具來觀測大氣溼度的變化了。

早在西漢武帝時（西元前 120 年），我國先民就已經發明天平式的測溼器。《淮南子》〈說林訓〉上說：「懸羽與炭而知燥溼之氣。」同書〈泰族訓〉上說：「溼之至也，莫見其形而炭已重矣！」同書〈天文訓〉上說：「燥，故炭輕；溼，故炭重。」

可見當時他們是在類似天平的兩端，分別懸掛等重的羽毛和木炭，木炭吸溼後就變重，而羽毛沒有吸溼性，故重量不變，這樣就可以測出空氣中水氣和溼度的增加或減少了（見附圖）。

　　而西方，直到西元 1450 年，才有德國人庫薩（Nicola de Cusa）發現羊毛有吸溼性，因而發明懸掛羊毛球和石塊的天平式溼度計，用以測定空氣中的溼度，較我們中國人晚了一千六百多年。

　　到了晉代，張華在《感應類從志》中說：「懸炭知雨，秤土炭兩物，使輕重等，懸室中，天將雨，則炭重。天晴，則炭輕。」可見晉初，中國人已經把這一種類似天平的測溼器，進一步利用，作為預測晴雨的工具了。

　　我國先民也很早就發現，利用琴弦的變化可以測定大氣溼度的變

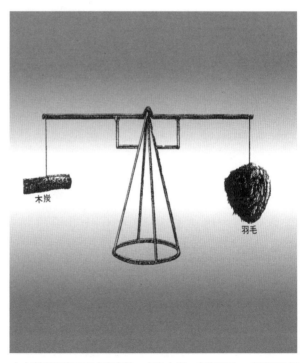

古人所發明的天平式溼度計，左為木炭，右為羽毛。（劉昭民提供）

化，並預測天氣的晴雨。早在西漢武帝時，《淮南子》〈本經訓〉中說：「風雨之變，可以音律知之。」意思是說，可以根據琴瑟之弦的音律變化，測知天氣的變化（實際上是大氣的溼度已經起了變化）。

後來王充在《論衡》〈變動篇〉中明確地指出：「天且（將）雨，琴弦緩。」意思是說，如果琴弦鬆了，天就將下雨。因此可根據琴弦的長度變化來判斷大氣溼度的變化，並預測晴雨，這可以說它已經孕育著懸弦式溼度計的原理了。而西方，直到十七世紀才有虎克（R. Hook）首製腸線溼度計和燕麥鬚溼度計（上面有刻度盤和指示針，可以測定溼度的大小），其原理和琴弦式溼度計一樣。明代的《田家五行‧拾魚》還談到，琴瑟弦索調得極合，則天道必是一望略無纖毫，方能如是。若是調猝不齊，則必陰雨之變，蓋依氣候而然也。若高潔之弦，忽自寬，則因琴床溼故也，主陰雨之象。前文說明琴瑟的元件所產生的音調音，如果老是調不好，則必定是空氣中的溼度大增所致，所以能預測將有降雨現象，這比前人說的更清楚。

可見，我國古代雖然還沒有氣象科學，但是很早就已經知道利用各種工具量測大氣的溼度變化，而且比西方早很多。

（2006 年 1 月號）

輓馬和輓狗

◎─張之傑

$\quad$李約瑟《中國之科學與文明・機械工程學》下冊（臺灣商務，1976），開篇即討論獸力拖曳問題，篇幅占六十二頁，內容以輓馬法的演進為主。馬的體型不像牛。牛的背部隆起，剛好可以套上用彎木頭做成的「軛」，用來拉車十分方便。馬的背部平整，用來拉車，只能把繩子綁在馬的身上。

$\quad$把繩子綁在馬身上的方法稱為「輓馬法」。第一種實用的輓馬法──胸腹法，是在馬的胸部和腹部各綁一條帶子，胸帶和腹帶在馬背上交會，輓馬的繩子就栓在交會點上（如附圖）。胸帶被腹帶牽扯著，不容易滑到頸部，壓迫到喉嚨。

$\quad$不論中西，最初使用的輓馬法都是胸腹法。這種輓馬法雖然不會勒住馬兒的喉嚨，但仍會壓迫馬兒的胸部，影響馬的效率。古埃及、古西亞、古希臘或古羅馬的馬車，車子都很小，通常只坐兩個人，卻要用兩匹馬或四匹馬來拉。中國春秋時的戰車，一律用四匹

胸腹輓示意圖,狗(右)係根據漢墓出土明器繪製,馬係根據巴比倫浮雕繪製。(吳嘉玲繪)

馬來拉,也只能坐三個人。這時的馬車看起來威風凜凜,其實效率都很低,根本就跑不遠。

胸腹法大約使用了兩千年,到了秦漢之際,中國人發明了胸肩法,效率稍微提高。到了魏晉朝間,中國人又發明了一種高效率的輓馬法——護肩法,使馬兒的力量提高五倍!過去要用五匹馬拉的車子,現在只要一匹就夠了。這種理想的輓馬法於十世紀傳到歐洲,對交通、運輸產生了深遠的影響。詳情請參閱李約瑟大作,茲不贅述。

李約瑟指出,雖然西漢時胸腹法已為胸肩法取代,但直到後漢,輓狗仍然使用胸腹法,李約瑟以一張漢墓出土陶製犬俑圖片證

明其論述。李約瑟又說，至今西伯利亞東部的土著仍然使用胸腹法
輓狗。

多年前初讀李約瑟大作時，不禁想到一個問題：在六畜中，狗
成為家畜最早，馬成為家畜最晚。輓馬法是不是從輓狗法直接沿用
過來的？

關於輓馬法的演進，一般的說法是：最初的輓馬法，可能把繩
子直接套在馬的胸部，這雖然方便，但馬兒跑起來繩子會上下移
動，很容易勒住喉嚨，於是人們加以改進，才發明了胸腹法。如果
胸腹輓馬法發明之前，人們早已用胸腹法輓狗，這個過程豈不就要
重新思考了。

筆者至今還沒找到以胸腹法輓狗較胸腹法輓馬更早的證據，但
揆諸情理，不能排除其可能性。如果這個想法屬實，輓狗和輓馬就
有其關聯性。今年（2006）是狗年，特假科月一角，提出就教於方家。

李約瑟所說的西伯利亞東部土著以胸腹法輓狗，當然指的是用
來拖拉雪橇。至於漢墓繫有胸帶和腹帶的犬俑是用來做什麼的，想
來不外輓車或牽引。關於輓車，西方至今仍用大型狗拖拉小車為人
送牛奶等輕便物品，但中國古書上似乎沒見過「犬車」的記載。

關於牽引，一般狗兒固然適合頸輓，但牽引兇猛的大型狗，仍
以胸腹法為宜。大型狗如遽然猛力向前衝，頸輓會傷到喉嚨。如今

寵物店中仍可買到胸腹輓的裝具，有時也可看到有人以胸腹輓牽引著大型狗遛狗。

前環保署署長張隆盛先生雅愛收集犬俑，曾將其收藏輯為《中國古犬》（1994）。該書載有多幅漢墓出土犬俑，凡是體型粗壯、面目獰惡的，都繫有胸帶和腹帶。據楊龢之先生說，先秦時犬分為食犬（肉用犬）、守犬（守衛犬）、田犬（獵犬）三類。漢墓出土的粗壯、獰惡犬俑，顯然屬於護衛墓壙的守犬。

根據《中國古犬》一書的圖版，魏晉以後作為明器的犬俑，以弄犬（玩偶犬）為主，田犬為次，大多不繫裝具，或僅繫頸圈。育種和審美觀等文化因素息息相關，漢朝人以碩大為美，漢墓出土守犬大多體型粗壯、面目獰惡，難怪必須以胸腹法牽輓了。

（2006 年 1 月號）

這詹不是那詹

◎─張之傑

讀了大陸學者樊洪業先生的大作《科學舊蹤》，其中的一篇〈這詹不是那詹〉，很有啟發性，權且刪節一下，與讀者共享。

樊先生所說的「這詹」，是指清末鐵路專家詹天佑。詹先生最為膾炙人口的事功，就是修建中國第一條自行設計的鐵路──北京到張家口的「京張鐵路」。這條鐵路要經過崇山峻嶺，工程十分艱鉅，外國報紙以譏諷的口吻說：「中國修建這條鐵路的工程師還沒誕生！」詹天佑不避艱難，只用了四年就全線通車。這段歷史相信大家都不陌生。

除了修建京張鐵路，不知從什麼時候起，人們盛傳火車自動掛鉤是詹天佑發明的。《詹天佑和中國鐵路》一書更

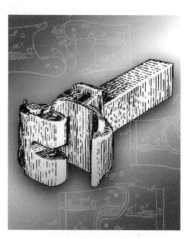

火車的自動掛鉤詹氏鉤。

繪聲繪影地敘述此事：「在豐臺車站鋪軌的第一天，京張鐵路工程隊的工程列車中有一節車鉤鏈子折斷，造成脫軌事故，費了很大力氣才恢復原狀，影響到部分列車的行駛。那些不相信中國人自己能修好鐵路的人，到處造謠說：詹天佑在鐵道的頭一天就翻了車，這條鐵路不用外國工程師就靠不住。但列車鉤鏈折斷的事故卻提醒了詹天佑：不僅要有堅固的路基和標準的軌距，還要使列車的車廂之間能夠緊緊地聯貫在一起，……後來他終於發明了自動掛鉤，使十幾節車廂牢固地結合成一個整體。這種掛鉤現在通用於全世界，人們稱為『詹氏鉤』」。

國人傳言詹天佑發明火車掛鉤，圖為晚年時的詹天佑。

樊先生說，他原先對詹天佑發明火車自動掛鉤的事深信不疑，後來看到了中國鐵路界的前輩凌鴻勛先生的文章，才知道問題並不那麼簡單。凌先生在《七十自述》中提到，1961 年為了紀念詹天佑百年華誕，凌先生曾寫了一本《詹天佑先生年譜》，否定了詹天佑發明自動掛鉤的說法。事後，有人致函報社：「中國人對科學上這一點的成

就都要否認，是何居心？」

　　樊先生說，再後來，他見到了凌先生的另一篇文章，稱「詹氏鉤」的發明人是美國人，大意是說：南北戰爭結束後，美國人詹尼（Eli Hamilton Janney）在一家倉庫工作，每天上下班都會經過鐵路調車場，經常看到工人為連接車輛而發生傷亡，遂興起發明的念頭。經過八年的努力，於 1873 年 4 月獲得改進設計的專利。

　　樊先生更從詹同濟先生譯、編的《詹公天佑工學文集》中，翻閱到由詹天佑編著，1915 年由中華工程師學會出版的《新編華英工學字彙》，其中有 Janney coupler，當時譯為「鄭氏車鉤」。由此更可以看出，詹天佑早就知道這種自動掛鉤，他本人也沒有掠人之美的意思。

　　因此，「詹氏鉤」的詹，不是詹天佑的「詹」，而是美國人詹尼的「詹」。在詹天佑的功勞簿上去掉一筆「詹氏鉤」，如果他地下有知，相信也會欣然同意。不實的民族虛榮心，還是早點兒去掉為妙。

（2006 年 2 月號）

古代的車和車輪

◎—劉廣定

車是機械史上最早的發明之一。先民大概是先知道利用樹幹一類的柱形物，以滾動方式在陸上搬運較重的物件，然後逐漸改進而發展成以圓片狀物為車輪的「車」。其用途也漸由載物擴大到載人，以及作戰用的「戰車」。就結構言，可能先有比較穩固的「四輪車」，後再演變成容易操控的「兩輪車」。動力方面，應是從人力改進為獸力。

據筆者所知，今伊拉克南部古名「烏爾」（Ur）地方蘇莫人（Sumerian），約西元前 3000 年的神殿基石下方嵌瓷圖中，已有由兩匹波斯野驢（onager）牽引的「四輪戰車」，其車輪是整片實心的。另在美國芝加哥大學所藏一塊石灰石浮址的壁雕也有波斯野驢所拉的「兩（實心）輪車」。考古學者曾在西元前 2500 年烏爾遺址中發掘出這種車輪，及美索不達米亞遺址中得到銅製兩（實心）輪車模型。

「有輻輪」是「實心輪」的改進，李約瑟認為最早約在西元前 2000 年出現於北美索不達米亞地區。筆者經眼的幾幅古代中東地區有輻輪車的圖片如下：

約公元前七世紀的亞述浮雕，輪為六輻。

　　（一）西元前 1500 年左右，埃及的土板畫中有二輪車，輪為四輻。

　　（二）西元前 1475 年，埃及底比斯（Thebes）地方古墓壁圖，表現「四輻輪」的做法。

　　（三）西元前 1334～1325，年埃及「圖坦卡門」（Tutankhamun）墓中有幾個「六輻輪」。

（四）西元前十二世紀埃及古墓壁畫，及今土耳其南部西臺（Hittite）遺址的壁雕，都有二輪戰車，輪為六輻。

（五）西元前十二～八世紀腓尼基人之遺物中，有祭神用小型青銅二輪車，輪為六輻。

（六）西元前九世紀和前七世紀亞述人遺留之壁雕，都有二輪戰車，輪均為六輻。

（七）西元前900年，亞述人遺留的青銅浮雕有輪為六輻的二輪戰車。

（八）西元前 600～550 年，波斯王大流士宮殿遺址的浮雕中，馬車輪為十二輻。

（九）西元前五世紀，希臘瓶畫中載人用二輪雙馬車，其輪為四輻。

中國古代的車，相傳「黃帝作車」或「奚仲作車」。奚仲是夏代（約西元前二十一～十六世紀）的官員，但均無實證。最早的車和車輪是自殷墟出土，屬於商代後期，約合西元前十三～十一世紀。因此，包括李約瑟在內的科學史家多常認為「作車」的技術是由中東地區傳入中國的。唯筆者不以為然。

理由之一是木製車易朽壞，沒有實物留存，不見得就可證明古

時不存在。但更重要的理由是，中國在西元前十三～十一世紀的車，特別是車輪的設計，已超越中東地區很多。例如輪輻愈多，輪愈堅固耐用，然製作也愈複雜。中國已出土的殷代車輪大多為十八輻，河南安陽孝民屯有一出土之輪竟有二十六輻！西周（西元前1146～771 年）的車輪大多為二十～二十四輻，東周（西元前 771～476年）則多增為二十六～二十八輻。前述西元前600～550年，波斯王大流士時期的馬車輪才僅十二輻，應可說中國古代的車有自己發展的歷史了吧！

（2006 年 3 月號）

佛經中的胡狼

◎—張之傑

2月26日，友人楊龢之先生來訪。楊先生談起他應《科學月刊》之邀寫的一篇談胡狼的短文，說：「中國人竟然不知道有胡狼這種動物！」我直覺的反應是，佛經應該提到過。《法華經·譬喻品》的「火宅喻」提到一大串動物，會不會就有胡狼？

案頭有部《法華經》，翻開「火宅喻」，看到「狐狼野干，咀嚼踐踏，嚌齧死屍，骨肉狼藉」的句子。野干是什麼動物？過去曾思考過，但沒認真查。楊先生說，野干和狐、狼並列，大概是種犬科動物吧？我有部《中英佛學辭典》，先查「干」字，無所得；再查「野」字，eureka，我們找到了！

《中英佛學辭典》對野干的解釋如下：

Śrgāla ; jackal, or an animal resembling a fox which cries in the night.

從這段釋文中，得到兩個重要訊息：其一，野干不是野生的「干」（我誤解了幾十年），而是梵文 Śrgāla 的對音（雙子音頭一個

子音通常不發音）；其二，野干就是 jackal（胡狼）。楊先生的大作早已發排，來不及修訂，那就由我來續貂吧。

上網查找，發現野干在佛經中頻頻出現，從中可以看出古印度人對牠的認知和印象。在認知方面，野干出沒於墳塚間（《大寶積經》卷四十一、《佛說長阿含經》卷十一），靠獅子、虎、豹吃剩的殘肉存活（《大智度論》卷十四），都和胡狼的實際行為相吻合。

在印象方面，每個民族都有輕視、嘲諷的動物，對古印度人來說，野干似乎就是其中之一。《百喻經》有一篇「野干為折樹枝所打喻」：野干被吹落的樹枝打中，就再也不到樹下。《說法經》有個守株待肉的故事：野干發現一種樹的果實像肉，掉下來時才知道不是，但轉念一想，說不定樹上的是肉，就守候著不去。

在佛經中，「野干鳴」相對於獅子吼，比喻修行未臻成熟就妄說正法。《別譯雜阿含經》卷十一就說：「亦如雌野干欲作師子吼，然其出聲故作野干，終不能成師子之聲。」《未曾有因緣經》藉著野干之口，說出古印度人對牠的綜合印象：「於是野干，心自念言，畜生道中，醜弊困厄，無過野干。」釋悟殷撰有「從律典探索佛教對動物的態度」，論述野干甚詳，讀者可以參考。遺憾的是，兩岸三地的佛學界似乎尚無人知道野干就是胡狼。

接下去，筆者要談另一個問題：「胡狼」一詞的來源。中國不產胡狼，當然是西潮東漸後翻譯的（譯者顯然不知 jackal 就是佛經中的野干）。那麼是誰譯的？什麼時候譯的？

　　那天送走楊先生，忽然想起家裡有半部《動物學大辭典》（上冊）。找出來隨手一翻，就是「凡例」，其中一條：「動物名稱以學名為標準，我國固有之普通名，現時通用者概已採入，無固有普

黑背胡狼。（臺北市立動物園提供）

通名者，用同類之固有名稱，加以識別之語，例如『胡狼』、『海蝸牛』等。『狼』、『蝸牛』為同類之固有名稱，『胡』、『海』為所加識別之語。」明言「胡狼」這個詞是編者取的，並用來做為範例，這可能就是答案了。

《動物學大辭典》，商務印書館發行，1922 年出版，主編為科普先驅杜亞泉先生，實際編輯者為杜就田、淩文之。我們現今所用的動物譯名，十之七八出自這部辭典。近年來一直想研究杜亞泉，寫完這篇短文，研究他的念頭更強烈了。

（2006 年 4 月號）

從車輪談考工記的年代問題

◎—劉廣定

十三經中的《周禮》因內容為職官與制度,設官分職,所以又稱《周官》。其職官原分天、地、春、夏、秋、冬六大類,但據說「冬官」已佚,西漢末期劉歆以〈考工記〉代替,成為《周禮》的末二卷。中外科技史界一向對〈考工記〉評價甚高,例如李約瑟認為是「研究古中國工藝學之最重要文件」;許多中國科技史學者則視之為中國「古代手工業技術規範的總匯」。然確否如此,卻可商榷。

還有,〈考工記〉既是漢時人補入《周禮》的,其成書年代究為何時?則長期以來,眾說紛紜。清人江永在他的《周禮疑義舉要》(卷六)中認為,〈考工記〉為「東周後齊人所作」。大概是因為曾任「中國科學院」院長的郭沫若稍加補充江永的觀點後,據為己見,這一說法獲得很多大陸學者的贊同,但實際並不正確。

以下將以中國古代的車輪為例說明之:

有輻的車輪主要含外框（「牙」，或稱「輞」），輻條與軸心三部分。〈考工記〉規定了車輪直徑（「輪崇」），外框橫截面週邊（「牙圍」）之尺寸與「輪輻三十」之數：「兵車之輪六尺有六寸，田車之輪六尺有三寸，乘車之輪六尺有六寸。……是故，六分

秦始皇陵銅車馬出土局部，取自《秦始皇陵銅車馬發掘報告》

其輪崇以其一為之牙圍。……軫之方也以象地也，蓋之圜也以象天也，輪輻三十以象日月也。」（《周禮注疏》卷四十）

筆者曾從已發表的考古報告，自殷周至戰國三十處墓地出土幾百個車輪的相關數據，知僅少數幾個車輪的直徑尺寸合於〈考工記〉的規定，另少數幾個車輪為三十輻，「牙圍」也僅有少數接近輪徑 1／6。即使山東臨淄之齊國貴族墓出土的車輪，亦僅一部分輪徑大小接近〈考工記〉的規定或車輻為三十根。所以，就車輪而言，工匠並不依照〈考工記〉的規定製作，而可證〈考工記〉並非什麼「技術規範的總匯」，也不是齊國人所著。

但秦始皇陵出土中的兩銅車馬，均是「輪輻三十」。惟係殉葬明器，輪徑較小。其中一號車之牙圍 11.5 公分，接近輪徑 66.4 公分的 1／6，但二號車則相差很多。再者，「兵馬俑坑」之多輛木造戰車裏也有三輛是「輪輻三十」，但是輪徑和牙圍均不符〈考工記〉所述之輻數。

按周代車輪多為二十四～二十八輻，戰國中晚期《老子》「三十輻共一轂」的觀念似由此而生。因而衍生出「輪輻三十」，以三十表示日月（每月三十日）來配合「天圓」（圓車頂）、「地方」（方車身）。秦國自秦王政親政（西元前239年）以後，一方面加強武力而另一方面建立規章制度，為統一華夏之準備。〈考工記〉極

可能乃採各國經驗，於此目的下撰成。惟始皇帝一統華夏後十六年（西元前221年至206年）秦亡，〈考工記〉未得流行，故極少付諸實用之事實。

（2006年4月號）

古人如何觀測雨量？

◎—劉昭民

中國、印度、埃及、巴比倫（今日的伊拉克）等文明古國，自古以來都是以農立國。也就是說，自古以來他們農作物收成的好壞，都要看雨水是否充分而定，所以他們很早就已注意雨量觀測的問題。

例如，印度先民很早就使用碗來觀測雨量的多少，可惜沒有加以量化。中國各地先民在東漢時代，都要將立春到立秋期間所下雨量的多寡，向上呈報中央，如果雨下得少，就要進行求雨禮（見鄭樵《通志》卷四十二〈禮樂〉），但是缺少觀測雨量多寡方法的記載。

中國古代雨量器最早有明確記載的，見於南宋時代秦九韶的《數書九章》第九章卷二〈天池測雨〉（完成於西元 1247 年），其中記述的雨量觀測：「今州郡多有天池盆以測雨水。」

可見宋代每一省和每一都會（州郡）都有雨量器的設置。秦九

韶在卷二〈天池測雨〉中所敘述的雨量器，盆口徑八寸，底徑一尺二寸，深一尺八寸，接雨水深九寸。他運用數學方法算出平地雨降三寸。

　　南宋時代的雨量器雖然構造簡單，不夠精確，而且還要運用數學計算的辦法，才能算出雨量，但是以科學發展的過程來說，任何科技的發明和創造，都要經過由淺入深，由粗糙到精細，由片面到全面的階段，在宋朝時代，想出這些辦法來測量雨量，已經很不容易了。

　　明太祖和明仁宗時，朝廷也曾經命令全國各州縣要向朝廷上報雨量，當時曾經統一頒發雨量器。清初康熙和乾隆時，朝廷也曾經先後向全國頒發雨量器，當時中國和朝鮮（韓國）各地都設有測雨臺（見圖），其上置有高一尺，廣八寸的雨量器，並有標尺，用以測定雨量，均使用黃銅製造。

清朝初年的測雨臺。（劉昭民提供）

歐洲直到西元 1639 年（相當於中國明思宗崇禎十二年），才有著名科學家伽利略的一位學生，義大利人卡斯特利（Benedetto Castelli）首先在義大利貝魯加（Perugia）一地使用他所創製的雨量器（雨量筒），收集降雨量，開歐洲科學性雨量觀測之先河，但是比中國宋朝秦九韶晚了四百年。

　　到了十七世紀後半葉，歐洲物理、化學和機械工藝方面的發展日新月異，氣象儀器的發明也得到很大進展。西元 1662 年（清康熙元年），英國人仁恩（Christopher Wren）首先發明虹吸式自記雨量計雛型，當雨水充滿到一個高度時，儲雨筒中的雨水就會經由虹吸管流出，雨量數值就會在自記鐘筒上紀錄下來，等到儲雨筒中的雨水流盡以後，再重新儲雨。這是今日虹吸式雨量計之先河。

　　西元 1677 年（清康熙十六年），英人湯萊（Richard Townley）又發明一種由直徑十二吋的漏斗流入雨水，並可自動稱出水重的衡重式雨量計。從此，歐洲的雨量器就遠比中國進步多了。由此可見，明代以前中國先民對雨量的觀測較西人進步，直到明代以後才落後於西人。

（2006 年 5 月號）

從中日的金魚偏好說起

◎—張之傑

多年前查看金魚圖鑑，無意中發現，中日兩國所崇尚的金魚很不一致。我曾計劃寫一篇探討中日金魚育種偏好的學術論文，但因涉及面複雜，遲遲沒有能力著筆。權且將一點初步觀察，在科月掛個號吧。

金魚起源於中國，是鯽魚的變種。南宋開始飼養，經過八、九百年，現已發展出三百多個品種。以鰭區分，分為三個類型：草金魚，基本保持鯽魚形態；文魚，尾鰭三或四葉；蛋魚，無背鰭。再根據頭、眼、鼻、鰓蓋和鱗片，又可分成很多類型，如獅頭、虎頭、龍睛、望天眼、水泡眼、絨球、翻鰓、珍珠鱗、透明鱗等等。

中國的金魚，於明弘治十五年（1502）初次傳到日本，後來又傳去幾次。中日兩民族的審美觀不同，因而育成的金魚各有特色。簡單的說，日本人不喜歡怪異品種。日系金魚如琉金（文魚系）、蘭疇（蛋魚系），大多雍容華麗，很容易讓人想起和服。

清《古今圖書集成・禽蟲典》金魚圖，上兩尾為文魚，下為蛋魚。

大約從五代起，中國人愈來愈崇尚病態美。這種審美心理影響著方方面面，當然包括金魚育種。以眼睛外凸的龍睛為例，引入日本後幾乎沒有發展，在中國卻被視為金魚正宗，難怪日本人稱之為「中國金魚」。

到了清末，龍睛發展出望天（眼睛長在頭頂），民初更發展出水泡眼（眼睛長出大水泡）。由於偏好病態、怪異，中國人還育出翻鰓（鰓裸露）、絨球（鼻孔間長出肉質褶襞）、珍珠鱗（鱗片中央外凸）等品種。

從甲午之戰到抗戰勝利，五十年間，日本人視中國為戶庭，不可能沒見過這些怪異品種，但日本的金魚圖鑑極少出現水泡眼、翻鰓、絨球和珍珠鱗，即使有，也注明是中國所有。日本人沒育出這些怪異品種，也沒從中國引進，顯然和審美觀有關。

宋代以降，用於庭園造景的太湖石，講求「瘦陋醜透」，最能

說明中國人的審美心理。中國人育出怪異金魚品種，而寶愛之，不就是這種審美心理的反照嗎？俗語說：「什麼人玩什麼鳥」，如易為「什麼民族（或族群）育成什麼品種」，相信也說得通。

宋代以降的纏足陋習，就是這種病態審美心理所促成的。當一個民族的知識份子普遍以病態為美，這個民族勢必日趨衰弱。清代中葉以後鴉片氾濫，不能說與此無關。中國人淪為東亞病夫，絕非偶然。

崇尚病態美，當然重文輕武。直到二十世紀初，世界各國大典時文武官員通常佩劍，中國是少數例外；時至今日，列強的軍官團主要仍由貴族和世家子弟組成，中國又是例外。

毛澤東所領導的中共，塑造出一種以北方基層農民為基調、可概括為「粗、大、壯」三個字的審美觀，和宋室南遷以後、以江南書生為基調的病態審美觀迥然有異。毛式審美觀已體現在建築、繪畫、雕塑、音樂諸多方面，但在金魚育種方面，至今仍然崇尚病態、怪異。毛式審美觀只是外鑠的嗎？這個文化現象值得觀察。

（2006 年 6 月號）

話說牡丹

◎─梅進

任職中國近代史研究所

牡丹原產我國，是國人所培育成的名花之一。在分類學上屬毛茛科、芍藥屬，學名 *Paeonia sruffuticosa*。它的花型與草本的芍藥接近，所以人們也叫它木芍藥。

牡丹的野生種分布陝、川、鄂、魯、豫、西藏及雲南等地山區，散生於海拔一千五百公尺左右的高山山坡和森林邊緣。至今湖北有些山區仍可見到成片分布的野生群落。

牡丹起先為人注意，並非作為花卉，而是作為一種藥材。大約成書於東漢初期的《神農本草經》，已經有關它作為藥物的記載。後來人們才逐漸注意到它的觀賞價值，進行馴化。

劉賓客《嘉話錄》記載：「北齊楊子華有畫牡丹」，說明在南北朝時期，就有人注意到了牡丹。但文中所說的牡丹，不能確定是已成為觀賞花卉的牡丹，還是在山區所看到的野花。

不過，大體上可以肯定的是，牡丹作為著名觀賞植物始於唐

代。根據史料記載，唐代開元末年，
有位叫裴士淹的官員，從汾州（汾
陽）的眾香寺帶回一棵白牡丹到長安
栽培，從那時起，很快地就成為長安
城中大眾所喜愛的一種花卉。

　　唐代時，洛陽已有著名的育種花
匠，據古籍記載：

清·惲壽平〈牡丹〉。（維基百科提供）

> 「洛人宋單父，字仲孺，善吟
> 詩，亦能種藝術。凡牡丹變異十
> 種，紅白鬥色，人亦不能知其
> 術。上皇召至驪山，植花萬本，
> 色樣各不相同，賜金千餘兩。內
> 人皆呼為花師，亦幻世之絕藝
> 也。」

　　牡丹美豔絕倫，詩人李白將它與
楊貴妃相聯繫，吟出「名花傾國兩相歡」的名句，為它的「國色」
定調；而劉禹錫「惟有牡丹真國色，花開時節動京城」的詩句，則
充分體現時人對它的激賞。

從唐代起，牡丹開始廣泛栽培。宋代時，全國出現了多個有名的盛產牡丹的地區，其中以洛陽最為出名。宋代更開始出現牡丹專著，歐陽修在《洛陽牡丹記》裡寫道：「魏花者，千葉肉紅花，出於魏相仁溥家。始，樵者于壽安山中見之，斫以賣魏氏。」從「魏花」這一新品種的由來，反映出對當時野生牡丹的馴化仍受重視。與此同時，栽培育種的工作也不斷取得進展，品種日漸增多。經由自然變異和選種，育出更多品種。

隨著牡丹受到越來越多的喜愛，以栽培牡丹著稱的地方越來越多。明清時，安徽亳州、山東曹州（菏澤）一帶，都以盛產牡丹著稱。至今山東菏澤仍是牡丹最著名產地之一，栽培面積達五萬多畝，品種六百餘種。而傳統的栽培中心洛陽依然以栽培牡丹知名。近年來，蘭州也以栽培頗具特色的「紫斑牡丹」而嶄露頭角。

牡丹不但可供觀賞，根可入藥，在傳統文化中是富貴的象徵，在傳統詩詞、繪畫、刺繡、瓷器等藝術裝飾中，都常見到牡丹的身影。牡丹在國人心目中占有重要地位。

（2006 年 6 月號）

從羅睺、計都談起

◎—張之傑

話說孫大聖保護唐僧往西天取經，途中遇到一名妖怪，手中有件寶物，是個「亮灼灼白森森的圈子」，能收對方兵器，連孫大聖的金箍棒也被它收了。大聖判斷是天上星斗下凡為禍，駕起觔斗雲，飛往玉帝處哭訴，玉帝吩咐：「既如悟空所奏，可隨查諸天星斗，各宿神王，有無思凡下界，隨即覆奏施行以聞。」

於是「先查了四天門門上神王官吏；次查了三微垣垣中大小群真；又查了雷霆官將陶張辛鄧，苟畢龐劉；最後才查三十三天，天天自在；又查二十八宿：東七宿角亢氐房參尾箕，西七宿鬥牛女虛危室壁，南七宿，北七宿，宿宿安寧；又查了太陽太陰，水火木金土七政；羅睺計都嚠孛四餘。滿天星斗，並無思凡下界。」（《西遊記》第五十一回）

這雖是小說家之言，卻反映古人的天文觀念。七政（七曜）——日月水火木金土，為我國固有；四餘，源自印度，指紫氣、月

羅睺、計都二虛星,出自印度神話翻攪乳海。圖為吳哥城南門翻攪乳海石欄。(張之傑攝)

孛、羅睺、計都等「虛星」(即隱曜,抽象的星)。術數家以七曜、四餘,占驗世事吉凶。上述《西遊記》引文中的「嚂」,應指紫氣,惟不知其出典。

七曜加上羅睺(rahu)、計都(ketu),稱為九執(navagraha),亦稱九曜,最早出現於盛唐一行和尚編定的《九執曆》。在天文上,羅睺、計都為白道的降交點和升交點。在術數上,不論是

中國還是印度，羅睺、計都都是凶星，其說源自印度創世神話「翻攪乳海」。

　　據說乳海之下藏有不死甘露，引起諸天（眾神）與阿修羅爭奪，但皆無功。毘濕奴命龍王以身體作繩索，纏住曼陀羅山作杵，九十二阿修羅持蛇頭，八十八諸天持蛇尾，合力攪動乳海，以取得甘露。攪動所產生的泡沫，幻化為日月星辰等。後甘露浮出，經過爭奪，有一名阿修羅喚作羅睺，喬裝成天神，偷喝甘露。事為日月神察覺，毘濕奴砍下羅睺之頭，因已喝下甘露，其頭長生不死，為了報復，不停地追逐日月吞噬（引起日月食），以其沒有身體，吞下後隨即漏出。羅睺的身體則化為計都，成為不祥的彗星。

　　文化的滲透力，以宗教的力量最大，也最持久。古印度不曾成為影響四鄰的軍政大國，但其宗教（印度教和佛教）卻傳遍東亞和東南亞，包括傲視四鄰的中國。中國接受的印度文化以佛教為主，但文化是個整體，印度文化的各個面向，或多或少都曾傳入，天文即為一例。

　　另一方面，中國除了韓越日，對鄰國的影響乏善可陳。中國曾經統治越南北部達一千年，中華文化竟然不能統攝近在咫尺的寮國和柬埔寨，令人不可思議。中國人以倫理綱常安身立命，不大需要宗教，這或許是中國在文化傳播上遠遜於印度的主要原因。君不

見，東南亞處處可見印度史詩《羅摩衍那》和《摩訶婆羅多》的蹤影，但看不到國人耳熟能詳的《三國》故事。中國的故步自封，恐怕也和宗教不發達有關吧？

（2006 年 9 月號）

談鵝的起源

◎—周詢

任職中科院自然科學史研究所

鵝是一種可愛而富有靈性的動物。書聖王羲之喜歡鵝，被傳為千古佳話。唐代詩人駱賓王七歲時，作有〈詠鵝〉詩：「鵝，鵝，鵝，曲項向天歌。白毛浮綠水，紅掌撥清波。」至今膾炙人口。那麼，這種深受國人喜愛的家禽，到底是怎樣起源和馴化而來的呢？

也許有不少人會將家鵝的野生種與天鵝相聯繫，實際情況並非如此。鵝是由野生的大雁馴化而來的，這或許就是英語中大雁被稱為 wild goose（野鵝）的原因。中國最早的字書《爾雅》中有：「舒雁，鵝」的記述，也表明鵝與雁之間的密切關係。據說，國外曾有動物園將野生的雁和家鵝進行雜交，並且產生了完全能育的後代。

一般認為，東方的鵝大多數是由鴻雁（*Anser cygnoides*）馴化而來，而西方的鵝大多數是由灰雁（*Anser anser*）馴化而來的。現代分子生物學技術的研究也表明，家鵝的確存在兩個不同的祖先，並在

英國格洛斯特的鴻雁。（維基百科提供）

不同地區分別被馴化。有人用中國大陸的十一個家鵝品種的粒線體 DNA 進行研究，結果發現太湖鵝、浙東白鵝、四川白鵝等大部分品種的親緣關係都比較接近，可以認為是由鴻雁馴化而來；只有伊犁鵝與另外十種親緣關係較遠，從其所在的地理位置分析，當與西方的鵝有更近的親緣關係，即伊犁鵝由灰雁馴化而來。

另外，相關的研究表示，中國大陸鴻雁鵝的四種粒線體 DNA 的變異單倍型，分別散布在雁鵝、獅頭鵝和皖西白鵝當中。安徽六安地區分布有雁鵝和皖西白鵝這兩種典型類型，根據演化理論，一個物種的起源地通常存在著較多的變異類型，因此，六安地區可能是中國鵝的馴化地區之一。

利用 DNA 分析的方法來考察物種之間的親緣關係，和分析家養動植物的起源演化，是近年來受到普遍重視的方法。尤其是粒線體 DNA 以其較小的基因組（16.5kb 左右）、演化速度快、母系遺傳和不發生重組等特徵，已經成為研究親緣關係較近的物種間和種內不同群體間遺傳分化的有利工具，在許多家養動物研究中已經積累了

豐富的經驗和資料。利用粒線體 DNA 的限制片段長度多型性技術（RFLP）等方法進行分析，就能夠很容易的區分動植物的親緣程度；特別是在基因考古的研究當中，這種方法更加顯現出其優越性。

由於古代DNA破碎的非常嚴重，而粒線體DNA的基因組很小，可以通過拼接等方法，使斷裂的 DNA 片段成為可以分析的片段，這在一般染色體的 DNA 分析當中，幾乎是沒有辦法辦到的。如果在考古中發現有動植物的遺體，將它進行DNA分析並與現存物種的DNA進行比對，我們就可以弄清楚古代生物物種與現存物種之間的演化關係。

現在我們回到鵝的起源問題來，這種禽類到底是什麼時候開始被家養的，還是一個有待探討的問題，因為目前還缺少足夠的考古學證據。不過，在中國牠無疑是一種較早被馴養的動物。在安陽發掘的商代墓葬中，人們已經發現由玉雕刻成的鵝；另外《周禮・天官・膳夫》記載：「凡王之饋，食用六穀，膳用六牲。」這裡的六牲就包括鵝。這些史實表明，中國養鵝至少有三千多年的歷史。

（2006 年 11 月號）

從博物館的中國兵器說起

◎—張之傑

奇美博物館自 1993 年起開始收藏古兵器，目前典藏品約一千八百件，分為中國、日本、歐洲、印度波斯、亞洲和中東伊斯蘭等六個文化區展示。

參觀過奇美博物館兵器館後，有個問題在心中縈繞不去：為什麼中國的兵器最最粗糙？日本、歐洲、印度波斯、亞洲和中東伊斯蘭的兵器都很精緻，即使是東南亞的也比中國講究，這和我的常識及科技史知識不相接榫。

歷史告訴我們，中國曾經十分重視兵器，這從干將、莫邪傳說，和出土的越王劍可以得到證明。1965 年，在楚國郢都故址（今湖北江陵縣附近）的一座楚墓中，出土一把裝在漆木鞘裡的青銅劍，劍身上刻著八個字「越王句踐自作用劍」。傳說歐冶子曾為越王句踐鑄造過五口寶劍，這口劍該是其中之一吧？

令人驚奇的是，埋藏地下兩千多年的越王劍，出鞘時寒光閃

閃，一點兒都沒生鏽。原來越王劍的劍身有一層極薄的氧化層，保護劍身永不鏽蝕，工藝技術之精絕令人驚歎。試看紀元之前，有哪個文明鑄得出越王劍般的兵刃？

然而，我們在博物館所看到的中國兵器，非但趕不上日本、歐洲、印度波斯和伊斯蘭，甚至和東南亞比都相形見絀。日本的兵器雅潔素淨，但每個細節都達到工藝的極致。歐洲、印度波斯、伊斯蘭和東南亞的兵器講究裝飾，工藝也絕不馬虎。反觀中國的兵器，不過是件實用的器械，看不出工藝上的匠心。

科學史家普遍認為，地理大發現之前，中國的科技在其他文明之

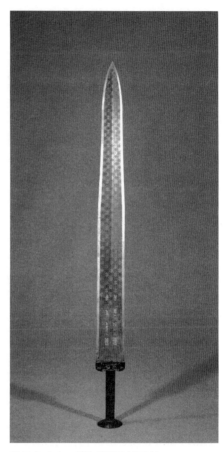

1965 年出土、製作精湛的越王劍。

上，可見兵器粗糙是文化問題，和工藝水準無關。日本、歐洲、印度、波斯、伊斯蘭和東南亞，武人具有相當高的社會地位，中國的

武人社會地位低下，哪會有精緻的兵器！

中國也曾經有過武人高於平民的階段，不過那已經是兩千多年前的事了。戰前清華大學教授雷海宗先生寫過一本名著《中國文化與中國的兵》，對這個問題分析甚詳。春秋時，軍人主要由貴族組成，文武合一，男子以當兵為榮。戰國實施徵兵，殺戮雖然慘烈，但軍民一體，兩者的區隔並不明顯。秦漢大一統後，開始發流民、囚徒從軍，軍人逐漸由莠民組成，於是良民看不起軍人，軍人隨時可能變成土匪，「好鐵不打釘，好男不當兵」的諺語就形成了。

社會鄙視軍人，國家也不重視軍人，甚至處處防範軍人，武器怎會精良？《利瑪竇中國札記》第一卷第九章記載道：「這個國家大概沒有別的階層的人民比士兵更墮落和更懶散的了。」「供給軍隊的武器事實上是不能用的，既不能對敵進攻，甚至不能自衛，除了真正打仗外，他們只能攜帶假武器。」「無論是官是兵，也不論官階和地位，都像小學生一樣受到大臣鞭打，這實在荒唐可笑。」

這樣的國度會有精緻的兵器嗎？答案當然是否定的。

（2006 年 12 月號）

引介西醫的傳教士——合信

◎—張澔

任職義守大學通識教育中心

在明末清初的時候，西方耶穌會傳教士便到了中國來傳播上帝的福音。但由於法令的限制及中國人觀念的因素，他們在中國傳教的成果相當有限。1807年到達中國的馬禮遜（Robert Morrison, 1782～1834）重新開啟了西方傳教士的新頁。十九世紀的傳教士從耶穌會宣教的經驗學到，與曆法有關的天文知識把上帝的光線投射到中國的天空上，醫學及科學取代了天文，當作引導中國人通往上帝之門的橋樑。合信（Benjamin Hobson, 1816～1873）便是其中傳播西方現代科學最重要的傳教士之一。

合信（圖一）是英國倫敦大學的醫學士，1839 年被倫敦佈道會以醫學傳教士的身分派遣到中國來。到了中國不久之後，合信便加入了於 1838 年成立的醫師佈道會（Medical Missionary Society in China），並在澳門行醫。1843 年初，合信一家人前往香港籌畫設立教會醫院，同年 6 月初醫院開業。兩年之後，因為妻子珍娜（Jane Abbay）

BENJAMIN HOBSON, M.R.C.S. (1816-1873).
Canton, Hongkong, Shanghai 1839-1859.

圖一：合信（1816～1873），有西方「醫學傳教士
典範」之稱。

重病，合信攜妻返回英國就醫，然而她卻不幸在海上的途中病逝。在英國停留的期間，他與馬禮遜的女兒瑪麗（Mary Morrison）結婚。1847年，合信與新妻返回香港。次年，他在廣州開設惠愛醫院。1857 年，為躲避中英戰事，他前往上海，並主持仁濟醫院。1859 年返回英國行醫，直到 1864 年退休。

就像其他的傳教士一樣，在中國傳教的第一步便是要先能掌握中文，進一步則是翻譯一些基督教義的書籍。在這方面，合信翻譯有《上帝辯證》（1852）、《約翰真經解釋》（1853）、《祈禱式文》（1854）、《信德之解》（1855）、《問答良言》（1855）、《聖書擇錦》（1856）、《古訓撮要》（1856）、《基督降世傳》（1856）、《聖地不收貪骨論》（1856）、《詩篇》（1856）和《聖主耶穌啟示聖差復活之理》

（1856）。不過，這些讚美上帝或解釋基督教義的書並不是讓合信名揚中國主要因素。

　　不論是在廣州或者上海，來找合信就醫的人總是絡繹不絕，合信的紳士風範與仁心仁術，不僅贏得中國高官與平民的尊重，在西方傳教士裡也獲得「醫學傳教士典範」（The model medical missionary）的名聲。在中國的基督教傳教士於 1877 年在上海舉行第一屆會議，與會的傳教士交換宣教的經驗，其中一位談到合信傳教的祕訣和成績：

> 合信醫生告訴我，每一天在治療病人之前，他都會為病人禱告一下。有一位傳教士的朋友告訴我，在廣州大部分擠滿信徒的小教堂，都是在合信醫生所負責的教區裡。

合信的西醫五種

　　除了傳教的成就外，合信在中國傳播西方近現代醫學和科學的貢獻，在當時幾乎無人能出其左右。鑑於中國醫學非常落後，尤其是在解剖學及外科方面，中國人便是一無所知，合信認為，甚至不如古希臘或羅馬時代，他希望中國人能夠建立一套現代化的醫學系統。所以合信在 1850 年代陸續翻譯了《全體新論》（1851）、《西

醫略論》（1857）、《婦嬰新說》（1857）和《內科新說》（1858）。有趣的是，合信最早的著作既不與宗教，也不與醫學有關，而是1849 年出版的《天文略論》。這本書後來被編入於 1855 年發行的《博物新編》中。雖然這不是一本醫學書，但是它卻與其他四本醫學書籍被譽為合信的「西醫五種」。

《全體新論》為解剖學書，全書圖文並茂，洞見要處。《西醫略論》共有三卷，做為《全體新論》的補充。上卷專論病症；中卷論述身體各部病症；下卷則論西藥製法及藥性。《婦嬰新說》則是專述婦女與嬰兒疾病。《內科新說》共兩卷，上卷論述各項病徵及醫理；下卷則是補充《西醫略論》藥劑內容。這四本書成為開啟西方醫學在中國先河的經典之作。

《博物新編》（圖二）共有三集。第一集共有五個單元：地氣論（大氣論）、熱論、水質論、光論及電氣論；第二集為《天文略》，介紹西方天文學及其發展；第三集為《鳥獸論略》，簡單介紹各種動物的習性。雖然《博物新編》只是一本有關近現代西方科學基礎的書籍，但傅蘭雅（John Fryer, 1839～1928）認為，這本書就像一道新時代的曙光打在中國人心靈上，它不僅彌補空白了兩個多世紀以來，耶穌會傳教士對中國知識份子啟蒙的空隙，同時帶領中國人一睹一些西方偉大的現代發明。事實上，要編譯這五本書，合

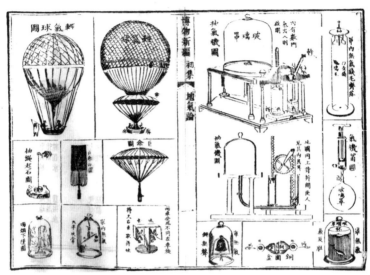

圖二：《博物新編》書影，此書開啟國人對科學的認知。

信投入了很多的心血來克服文字上的問題，「西醫五種」的成功則是代表了中文醫學及科學語言的新里程碑。例如，他所翻譯的養（氧）、輕（氫）及淡（氮）氣元素名詞沿用至今。他在 1858 年所編譯出版的《醫學英華字釋》（Medical Vocabulary in English and Chinese）則是成為了中文醫學術語的濫觴。

基督信仰像一部推動西方科學發展的火車頭一樣，穿過了巫術與迷信的黑森林。而十九世紀中國科學發展，也是在傳播上帝福音下的受惠者。尤其是在中國開始洋務運動之前，在傳播上帝福音的

使命下，西方傳教士幾乎是在中國唯一的傳播者，科學就像他們所放的煙火，吸引中國人來注視上帝的光芒。雖然合信使命是希望中國人成為上帝的子民，但他在中國最大的成就不是在宗教上，卻是在醫學和科學的貢獻上。

（2007 年 2 月號）

氣候變遷改變歷史

◎—劉昭民

今年（2007）1月5日，《聯合報》A14國際版科學焦點以醒目的標題刊出「暖化帶衰唐朝，大旱歉收，農民起義，最終亡國，研究顛覆史觀。」同日《蘋果日報》A25 版中國焦點，亦以醒目的標題刊出「疑季風異常促唐朝衰亡，德國科學家研究：百年久旱同毀拉丁美洲馬雅文化。」這是根據元月4日出版的Nature一篇論文報導的。

這篇論文的主要作者，是德國波茨坦地球科學中心（GFZ）的豪格（Gerald Haug），他研究中國廣東省雷州半島的一個火口湖底沉積物，結果發現唐代末期的湖底沉積物具有磁性，並含有鈦元素。他認為這是因為夏季西南季風減弱，冬季東北季風增強，以致夏季降雨量劇減，造成氣候乾燥，農業歉收，因而導致黃巢之亂，並使唐朝滅亡。豪格同時也指出，在同一個時期，太平洋東岸的中美洲，一度經濟繁榮的馬雅文化，也因為氣候由暖溼多雨轉為乾燥

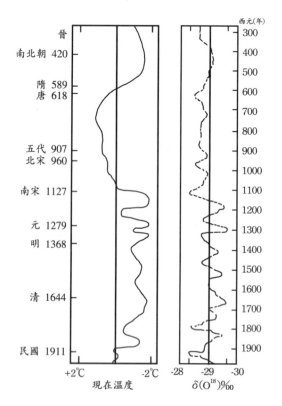

少雨，以致走入衰敗。

　　其實早在數十年前，我國氣象學家竺可楨先生即已根據古籍文獻、物候資料、樹木年輪的研究，並與挪威雪線的變化研究、格陵蘭冰帽的氧同位素（O^{18}）變化等（圖一），定出中國五千年來的氣候變遷計有四個冷期、五個暖期（圖二）。暖溼時期造成農業收成好、經濟繁榮的太平盛世；而乾冷期造成連年荒歉，饑民鋌而走險，四處劫掠，導致政治動亂和王朝滅亡，例如王莽的篡漢及其覆亡、東漢末年的黃巾之亂、晉代和南北朝時代的五胡亂華、宋代金人之南侵、元人之滅金和宋、明末流寇的猖獗、滿清之入關、清末太平天國之興起等。茲將中國歷史上氣候變遷大致說明如下。

圖一：晉代以來中國平均氣溫變化曲線(A)，與格陵蘭冰帽研究所得變化曲線(B)比較圖。δ（O^{18}）每增減0.96‰，則溫度增減1℃。（據戚啟勳《大氣科學》）

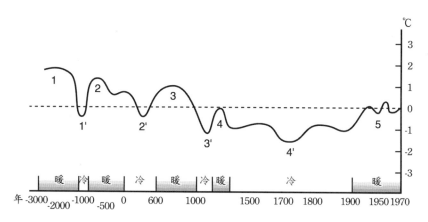

圖二：中國五千年來平均氣溫變化曲線與冷暖期的分布情形。圖中縱坐標以 0℃ 表 1970 年平均氣溫，1～5 代表五個暖期，1'～4'代表四個冷期（橫坐標的年代比例向左方減少）。

（一）5000 年前有很長的暖期

　　從五千年前到三千年前的周朝前半期，有一段很長的暖期。各國科學家一致同意，距今一萬年前，當沃姆冰河期（Wurm iceage）結束以後，黃河流域的氣候即逐漸轉暖，到距今五千年前（炎黃五帝時代）達到最高峰；其後的一千年期間，黃河流域大部分時間也是屬於暖溼氣候時期，極似於今日長江流域的氣候情況。這一段時期，各個地下遺址都有發現大量的鹿、竹鼠、貘、水牛、象的遺骸，從殷墟甲骨文的降雨資料，也證明當時氣候比較暖溼。

（二）周朝中葉以後為冷期

據《竹書紀年》記載，周孝王七年與十三年長江流域和漢江流域曾經結冰，牛馬凍死；此後直到周朝末年，中原的氣候不但較寒，而且乾旱連年，終於導致戎狄入侵，周室被迫東遷，並造成春秋戰國紛亂時代。

（三）春秋至西漢為暖溼氣候時期

距今二千七百年至二千年前，中原氣候比較暖溼，故中原一帶盛產稻米、竹類、橘、漆、桑麻，以及象、犀牛、老虎，農業亦十分發達，經濟亦較為富足，乃有文景之治及漢武帝之盛世。

（四）西漢末葉至隋初氣候轉寒旱

距今二千年至一千五百年前，中原氣候轉寒且旱，春寒、夏霜、夏雪、夏六月寒風如冬時的記載很多，《三國志》亦記載：

「黃初六年（西元 225 年）冬十月，帝幸廣陵（今日之揚州）故城，臨江觀兵，……，是歲大寒，水道冰，舟不得入江，乃引還。」

「赤烏四年（西元241年）一月，襄陽大雪，平地雪深三尺，
鳥獸死者大半。」

可見三國時代長江、淮河、漢水曾經結冰，而當時亦甚乾旱，
三國時代四十多年中即有三十年亢旱。晉代和南北朝時代寒旱更
甚，夏季霜雪的記載更多，例如《晉書》上說，懷帝時江、漢、河
洛皆竭，可涉。《南史》上記載說：

「宋孝武帝大明七年（563年），東諸郡大旱，米一升數百，
京邑亦至百餘，餓死者十有六七。」

由於西漢末年後，氣候轉為長期寒旱，農產歉收，以致造成西
漢和王莽的覆亡、東漢黃巾之亂、王室傾覆、五胡亂華、匈奴人向
西征掠，並在歐洲建立匈奴帝國，還造成中華民族向南大遷移等歷
史大事。

（五）唐朝時代為暖溼氣候時期

唐朝時代，中國氣候轉變為溫暖多雨。因為當時北方冷空氣減
弱，暖溼西南季風盛行，使溫帶氣旋的行徑偏北，故中國北部地區
氣候偏暖，冬季不下雪，河水也不結冰，以致冬無雪之記載為歷史

之冠；中原地區亦產李、梅、柑橘等水果，溫暖多雨的氣候使中國農產富足，造成唐太宗、高宗、玄宗時代之盛世。歐洲北部和北美洲北部的大陸冰河亦開始後退，斯堪的納維亞半島不再為冰帽所覆蓋，而變成溫暖多雨多霧的氣候，故挪威海盜得以橫行北歐，成為歐洲中古史上一件大事。

（六）唐末至南宋前半期為冷期

自唐末開始，氣候又轉為寒冷乾旱，江淮一帶漫天冰雪的奇寒景象再度降臨，成為小冰河期時代。中原可以種植的柑橘等果樹皆遭凍死的命運，而淮河、長江下游、太湖流域、洞庭湖、鄱陽湖等地區冬季完全結冰，車馬可以在結冰的河面上通過。南宋時代，杭州夏寒、夏秋霜雪以及春季甚晚終雪的記載也很多，證明當時氣候之寒冷。從唐末到宋代的寒旱氣候，曾造成唐末黃巢之亂和唐朝滅亡、五代十國和金人南侵以及宋室的南遷。

（七）南宋後半期為暖期

南宋後半期的八十五年中，多冬無雪和夏霜、夏雪的記錄，屬於夏寒冬暖而且乾旱的氣候。

（八）元明清為中國歷史上第四個冷期

這一段時期中，夏霜、夏雪和旱災的記載最多，尤其元末及明代連年旱災，以致「民大饑」，四方寇盜四起，亂事頻仍，使元朝和明朝覆亡，清人入關稱帝。

（九）清末以來為暖期

根據氣象觀測資料的統計以及高山冰川逐漸向上退縮，可以證明清末以來氣候逐漸增暖；也就是說，全球暖化現象越來越明顯。

（2007 年 3 月號）

四不像鹿的故事

◎—張之傑

舍下訂閱《聯合報》，5月3日送報生誤送成《中國時報》。我看報通常只看標題，飛快地翻到 A8 版，大標題「史語所文物館三寶重現江湖」下的「刻辭鹿頭骨」照片，猛然吸住我的目光，

「是四不像鹿喔！」原本暗罵送報生糊塗，這時感謝他都來不及了，他讓我看到一張過去從沒看過的文物圖片。

我的歷史癖使我迫不及待就想借題發揮，「科學史話」由我組稿，6 月號就自己上陣吧。近十年來我已寫過五篇論文探討殷商時期的水牛，同時期曾經盛極一時的四不像鹿還沒探討過呢！

四不像鹿之所以稱為「四不像」，據說因為尾似馬、角似梅花鹿、蹄似牛、頸

殷墟出土刻辭鹿頭骨，中研院史語所文物館藏，從鹿角斷定為四不像鹿。

似駱駝。事實上，根本就沒什麼
「四不像」，牠是徹頭徹尾的鹿嘛！
相信任何人都不致混淆。四不像鹿
最大的特色，是特殊的鹿角。一般
鹿的鹿角長得很高才開始分叉，只
有四不像鹿，距離基底不遠就開始
分叉（呈 Y 型，見圖），稍有動物學
常識的人，一眼就可以辨識出來。

　　鹿類只有雄鹿長角（馴鹿為唯
一例外，雌鹿亦有角）。雄四不像
鹿在一歲左右萌生鹿角，約半年後
骨化。其後隨著年齡增長，一歲多

英國物爾本莊園的四不像鹿。（維基百科提供）

一個分枝，五歲時定型（四個分枝），史語所文物館鎮館三寶之一
的「刻辭鹿頭骨」，鹿角雖已斷裂，但其中一個分叉末梢已趨尖
細，顯示還沒長出分枝，因而研判是隻不到兩歲的小雄鹿。

　　四不像鹿的鹿角冬季脫落，翌年春長出新角，夏季骨化變硬，
因而「刻辭鹿頭骨」那隻雄鹿肯定是夏季或秋季獵獲的。「刻辭鹿
頭骨」是則記事刻辭，記錄殷王征討方國，回程在蒿地田獵，獲得
獵物祭祀祖先。如果這隻四不像鹿是那次田獵的獵物之一，則田獵

的時間大致可以推定。

四不像鹿的稱謂迭經變遷，甲骨文作「麋」（現今較正式的名稱麋鹿，即淵源於此），漢魏兩晉稱麋或麈。魏晉時期士大夫崇尚清談，他們揮動著一種特殊的道具——「麈尾」，故作雍容瀟灑。傳說麈的尾巴不沾塵土，士大夫用它來象徵自己的高潔。

在鹿類中，四不像鹿的尾巴較長，尾梢有穗毛，這是牠的特徵之一。長期以來，人們一直以為麈尾是用四不像鹿的尾巴紮成的。清初的《古今圖書集成》，就把麈尾畫成拂塵狀。根據敦煌壁畫和日本正倉院收藏的唐代實物，麈尾其實是把長圓形的小扇子，邊緣裝飾著麈的尾毛。敦煌壁畫〈維摩詰經變圖〉，畫著辯才無礙的維摩詰居士，斜坐在一張矮榻上，右手揮動麈尾，一副旁若無人的樣子。魏晉的清談之士大概就是這個調調吧。

魏晉之士使用麈尾作為清談道具，可見麋鹿在當時並不是什麼珍獸。上推到殷商時期，鹿類中最多的正是四不像鹿。著名古生物學家德日進和楊鍾健曾經研究殷墟出土的哺乳類遺存，寫成一篇經典論文〈安陽殷墟之哺乳動物群〉（1936 年）；後來楊鍾健和劉東生又寫成〈安陽殷墟哺乳動物群補遺〉（1949 年），發現遺存動物群中估計超過千隻的只有三種：一種豬、一種水牛和四不像鹿。水牛和四不像鹿都喜歡濕地、沼澤，據此可以揣摩殷商安陽一帶的自

敦煌壁畫〈維摩詰經變圖〉局部，維摩詰所持扇狀物即塵尾。

然環境。

　　然而，隨著氣候變遷和人類獵殺，四不像鹿愈來愈少。大約宋元期間，北方已找不到野生四不像鹿的蹤跡，南方大概晚至明清滅絕，只有皇家園囿裡還豢養著一群，朝代雖然一再更迭，但園囿裡的四不像鹿卻生生不息。這種不為外人所知的珍獸，直到十九世紀末，才被法國神父大衛（1826～1900）揭開面紗。

　　英法聯軍之後，西方人可以隨意到中國經商、傳教和設置領事館，當時中國還是生物調查的處女地，一些具有生物學背景的外交官、傳教士甚至商人，就在中華大地上大展身手。中國科學院羅桂環教授的大作《近代西方識華生物史》（山東教育出版社，2005），就是探討這段歷史的專著。

　　外國傳教士到中國傳教，都會取個中國名字，大衛神父以 David 的諧音，取名譚微道（一作譚衛道）。1865 年，譚神父在北京皇家獵園南海子隔牆向苑內遠望，意外地發現了一種從沒見過的鹿！翌年他以二十兩銀子買通太監，弄到兩張鹿皮及鹿角、鹿骨，親自帶回法國，經巴黎自然史博物館鑑定，證實為鹿科中的新屬、新種（*Elaphurus davidianus*, Miline-Edwards, 1866），於是世人才知道中國皇家園囿裡有這種珍獸。

　　譚神父發現四不像鹿後，列強開始透過外交管道設法引進。

1900 年，八國聯軍攻陷北京，又搶去一些。英國物爾本莊園的主人貝福特公爵是個有心人，他從 1894～1902 年，從歐洲各地收集到十八隻四不像鹿，豢養在自己的莊園裡，為這種珍獸留下一線生機。

另一方面，辛亥革命後，南海子欠缺管理，樵夫和獵人禁不勝禁，園內的動物愈來愈少。1921 年，北京南郊發生水災，殘存的一小群跑出牆外，被饑民抓來吃個淨盡。在皇家園囿裡繁衍近千年的四不像鹿，就這麼糊里糊塗地滅絕了！

所幸英國物爾本的鹿群繁衍得很好，到 1914 年，已發展到七十二隻，開始向世界各地散布，現今世界各地動物園裡的四不像鹿都是英國來的。1985 年，英國無償向中國大陸提供二十二隻四不像鹿，在南海子設立「麋鹿苑」；1986 年又提供三十九隻，在江蘇大豐設立麋鹿自然保護區；1994 年又在湖北石首天鵝洲成立第三個保護區，從大豐遷來六十四隻。經過二十多年努力，返鄉的四不像鹿已達千餘隻了。

四不像鹿在動物保育史上赫赫有名，但令人不堪的是，靠著英國人幫忙，這種珍獸才能繁衍至今。每次談起這件事，一種難以言喻的況味就會湧上心頭。

（2007 年 6 月號）

槍砲消滅冰雹

◎─劉昭民

我們知道，槍砲是作戰用的武器，但是古人很聰明，早在數百年前，就已經想到使用槍砲轟擊雹雲，來消滅冰雹。例如明太祖洪武年間（1368～1398），河北磁縣南來村村民已開始使用土砲轟擊雹雲，來消滅凍雹。明末的法國《薛立尼自傳》（The Autobiography of Benvenuto Cellini）以及清康熙年間《巴士汀遊記》（Bastian Travels），曾經記載明末清初時中國的僧侶、喇嘛曾經在甘肅境內，使用槍砲轟擊積雨雲，以求消雹；而且在儀式進行時，地方官吏還要向山川神祇祈禱，以求恕於此舉。清康熙三十四年（1695）劉獻廷在《廣陽雜記》卷三裡也曾經說：

> 子贍言：「平涼一帶，夏五、六月間常有暴風起，黃雲自山來，風亦黃色，必有冰雹，大者如拳，小者如粟，此妖也。土人見黃雲起，則鳴金鼓，以槍砲向之施放，即散去。」

明代利用土砲轟擊雹雲消滅冰雹圖。（作者提供）

可見《薛立尼自傳》和《巴士汀遊記》所記載的史實是真實的。十九世紀末期和二十世紀以來，已有很多國家使用大砲和火箭，轟擊積雨雲和積雲的中部和下部（高度五千公尺以上的過冷水滴分布所在，也就是攝氏零度線上方的高度），以求消雹，保障農作物免受雹災的破壞。中國明代和清初百姓使用土砲轟擊雹雲，以消滅冰雹的方法，實乃現代消雹技術之濫觴。

清代《武進陽湖合志》卷二十四〈宦績篇〉曾記載江蘇武進舉人許宏聲，曾於雍正年間，在甘肅省固原縣使用烏槍向雹雲（黑雲）發射，以消滅冰雹之事，其文曰：

> 許宏聲，字闡繡，雍正己酉舉人，授

《武進陽湖合志》記載，雍正年間在甘肅進行消雹。（作者提供）

中書，遷平涼府鹽茶同知（官名），駐固原，與州牧分土治，軍民雜處，號繁劇。宏聲惠孤貧，懲蠹役，興學校，政令一新。有黑雲（雹雲）烈風（暴風）自西來，吏馳報曰：大雹至矣！一城盡驚，宏聲曰：是可力驅也，極請（立即請求）提督令軍士排鳥槍齊發，聲震天，雹遂卻，民廬獲全，沿邊因得卻雹法。……

嘉慶年間（1796～1820 年），姚元之在《竹葉亭雜記》卷十中也記載說：

甘肅微縣多蝦蟆精（此為迷信），往往陡作黑雲，遂雨雹，禾嫁人畜甚或被傷；土人謂之「白雨」。其地每見雲起，轟聲群振，雲亦時散。……臬蘭（蘭州）沈大尹仁樹，少府時，有陣雲起，眾槍齊發……。

刊刻於清文宗咸豐七年（1857 年）的四川省《冕寧縣志》卷一〈天文氣候篇〉也記載以槍砲消雹的措施，文曰：

雹之來，雲氣雜黃綠，其聲訇訇，有風引之，以槍砲向空施放，其勢稍殺，多在申酉時而不久，近年亦漸少矣！

綜合上述幾項消雹法，可以得知中國早在明代和清代就有兩種

消雹方法，一種是使用土砲轟擊雹雲，另一種則是以鳥槍或槍轟擊雹雲，兩者的爆炸聲波和衝擊波，都能把雹雲（包含下冰雹的積雨雲）內空氣運動的規律打亂，促進雲內外空氣交換，加速雲中處於攝氏零度線以上的過冷水滴提早凍結，使之不易形成大雹塊；又能打斷雲根，打散烏雲，使雲轉向，截殺雲頭，使雹粒變小，更能使冰雹互相撞擊而破碎成小冰雹，這些都能達成消雹的目的。

在西方，直到 1895 年，才有奧地利政府在朋西比教授（M. Bombicci）的理論支持和合作下，由政府成立消雹機構，首度進行消雹工作，在懷斯特利斯（Windish Feistriz）、斯台利亞（Styria）等地使用大砲轟擊積雨雲，進行消雹。當時使用的大砲是一種臼砲，上頭砲口附有一個擴音器（麥克風），擴音器高二十五呎（約 7.62 公尺）、頂部寬六呎（約 1.829 公尺），砲彈火藥重六百克，全部皆為奧地利自製，而且效果不錯。

十九世紀末，奧地利所使用的消雹巨砲和擴音器。（作者提供）

接著，法國、義大利、德國、蘇

俄等國也爭相效法，尤以義大利最為熱衷，到 1900 年時，義大利用來消雹的大砲竟達一萬門之多。這些國家大都購買奧國的消雹砲，並輸入奧國的消雹技術，尤其是蘇俄在高加索和克里米亞半島更廣泛地使用大砲消雹法，後來規模也不輸義大利。

到了 1902 年，法國科學家維達爾（Vidal）以消雹火箭射入積雨雲中來消雹，這是火箭消雹之濫觴；1940 年代以後，法國人繼續使用消雹火箭進行試驗；1953 年開始普遍使用小型消雹火箭（內裝碘化銀或乾冰）配合氣象雷達觀測，探測攝氏零度線上方和過冷水滴分布所在，來進行消雹。義大利也仿效法國，大量使用消雹火箭（每年用掉十萬枚），後來蘇俄、中國大陸及許多國家更相繼使用高射砲、火箭，配合氣象雷達觀測來進行消雹。

今人仔細觀察冰雹，得知冰雹由透明冰和不透明冰相間組成，表示攝氏零度線附近的強烈上升和下降氣流，有利於過冷水滴忽上忽下地形成冰雹。又由現代氣象科學研究與氣象雷達探測、飛機觀測得知，積雨雲中冰雹的生長區在離地 4～7 公里之間（0～-20℃之間的過冷水滴分布區域），屬於積雨雲的中部和下部（而雲底高度距地1公里）。所以氣象雷達只要觀測到鉤狀、渦漩狀或外伸手指狀的強回波出現時，地面上的槍砲和火箭只要朝向離地 4～7 公里的雹雲中發射，就能消雹防雹（不需要打太高）。

雖然古代沒有氣象雷達和飛機，但是中國古代先民很可能抱著
「以物剋物」「以毒攻毒」的觀念，使用槍炮朝雹雲的中下部打，
竟能歪打正著，達到消雹防雹之目的，還是很有道理的。

　　由本文敘述，可見中國古人在消雹技術發展史上，曾經有極傑
出的成就，而且不亞於中國人在火箭和飛彈發展史上的貢獻。

（2007 年 7 月號）

明代皇宮中的獅子

◎—楊龢之

獅子原產於印度、中亞、中東，直到非州南部的廣大草原地帶。人類尚未大肆破壞生態環境之前，此獸在大型貓科動物中分布之廣，僅次於花豹。而由於生物地理的限制，從未越過帕米爾高原以東，在中國境內也不曾發現過牠的化石。

但中國人卻早就知道這種動物了，原先叫「狻麑」（狻猊，音同痠尼），是某種印度土話的譯音。其後佛教東傳，佛經中有關的記述不少，最初用吐火羅語譯為「師子」，後來寫成「獅子」，被認為是一種瑞獸。雖已久仰大名，但直到東漢章和元年（西元 87 年）大月氏遣使進貢，這傢伙才首度踏入中國領土。這種大型猛獸遠程運輸不易、畜養昂貴又無經濟價值，故除宮廷珍藏外民間難得一見，歷來有關獅子的講法不免以訛傳訛，甚至憑空編造，結果反映在圖畫、雕塑上的，絕大多數都是一副「狗樣」。不過明代卻相對比較「開放」，不止官書稗史屢有記載，就連老外也留下一些記錄。

進入明代皇宮的第一頭獅子，是永樂十一年（1413）六月由哈列、撒馬兒罕等一些國家聯合進貢的。永樂年間，獅子來華至少七次，兩次與鄭和下西洋有關，其中一次是派人到「阿丹」（今阿拉伯半島的亞丁）買回的。接著宣德初，仍然有兩頭獅子從海道而來，這是第一個養獅的高峰期。

直到成化十四年（1478），才有「西夷」扣嘉峪關來獻獅子。甘肅巡按御史徐綱不讓守關者放行，但被皇帝否決了。於是成化十七年（1481）、十九年（1483），撒馬兒罕等國又送來兩次三頭。大約當時中亞野生獅日漸稀少，貢使居然請求由廣東出海前往滿剌加（麻六甲）買獅來獻。因為不宜讓外夷大搖大擺地穿過大半個中

元人繪〈貢獒圖〉，畫家畫的其實是隻獅子，但題簽者誤以為獒。

國，在許多官員反對下，皇帝也不能同意。到了弘治二年（1489），不產獅的土魯番竟迂道買獅從廣東進貢，因為違背該國「貢道」路線而被退回了。

　　朝廷的意旨很明顯，不是不要獅子，而是拒絕從海路來的，於

是弘治三年到七年（1490～1494）、嘉靖三至六年（1524～1527）陸續又來了幾頭。最後一次則是嘉靖四十三年（1564）魯迷進貢的。

以上從《實錄》等官方記載及一些私人記述整理歸納，顯示了一個事實：獅子的進口往往集中在幾個階段。何以如此呢？

依《會典》所載，獅子「回賜」的標準與金線豹（獵豹）同為綵段八表裏（每表裏折絹十六疋），最多不過另加五表裏。馬匹則因良疶有別，最低者每匹紵絲一疋、生絹四疋，最高綵段十表裏不等。獅子的「公定價」並不比豹、馬高，但捕捉、馴養、運送的難度卻差遠了。正常情況下，貢使何必做這種划不來的生意？但這只是官樣文章，實際並不如此。天順年間英宗遣使西域求獅，結果引來西番獻獅，但半途死了。不久進入成化時期，貢獅高潮又起，皇帝好獅之名已遍傳遠近了。

既是主動索求，代價自必從優。據弘治年間撒馬兒罕貢使阿里·阿克伯回憶，進入邊境後：「每匹馬都由其馬廄官牽養，中國皇帝為這一行業共聘雇了十二名徒步侍從。……獅子比馬匹有權擁有十倍的榮譽和豪華。如此一支非常豪華的伴送隊伍把牠們從中國邊陲一直護送到北京。」其所得則是：「一頭獅子值三十箱商品，每只箱中都裝一百種不同商品。……為了交換一匹馬，他們所付出的代價比交換一頭獅子少十分之一。」

可見《會典》所載只是官樣文章，實際「變通」是蠻大的。因此若是朝廷謹守典制，貢獅是絕不划算的；但若皇帝發出訊息則又另當別論。這足以解釋為什麼獅子要不是在短期間先後報到，就是幾十年都不見蹤影了。按《會典》規定，外番進貢的珍禽異獸，來京後先到會同館報到，仍由原送人負責餵養，等正式進貢儀式後，才由內府接收成為皇家收藏品，貢使領取「回賜」回國。但獅子與一般鳥獸不同，可留下馴養者四人照料，由兵部發給腰牌，從西安門出入位於西苑的「虎城」。

既為「公產」，自應編列預算飼養。永曆、宣德時情況不清楚，但成化年間獅子的食料是：「每一獅日食活羊一腔、醋蜜酪各一瓶」。當時已有人覺得這份菜單不合理：「獅子在山藪時，何人

拂菻就是東羅馬帝國，唐代曾經貢獅，結果「拂菻」一詞在《營造法式》裡就成為番人牽獅圖樣的代表。

調蜜醋酪以飼之？」據《真珠船》說，正德中律定內苑飼養各種動物的食料中，兩頭獅子是「日食活羊一隻半、白糖四兩、羊乳二瓶、醋二瓶、花椒二兩二錢。」同一資料中，連草食的犀牛也編列了豬肉和雞，這古怪的菜單，自然免不了有混銷開支之嫌。

《湧幢小品》同樣講正德朝的情況：「虎三隻，日支羊肉十八斤；狐狸三隻，日支羊肉六斤；文豹（獵豹）一隻，支羊肉三斤；豹房土豹（猞猁）七隻，日支羊肉十四斤。」似較實際。遺憾的是沒提到獅，或者當時宮中已經沒有獅子了。

吃的以外，附帶支出也很可觀。《棗林雜俎》說：「西苑獅日食一羊，西域胡人主之。白布纏首，帶衣綠。支正三品料。」另外還有伕役，《明史》說弘治間「守獅日役校尉五十人」。而據前引撒馬兒罕貢使的講法，每匹馬有十二名「徒步侍從」，獅子排場為其十倍，即一百二十人。但這是伴送途中，進內苑後不可能再有同樣規制。

這樣的浪費必然引發反對聲浪，但群臣的反對理由不止於此，還包括「郊廟不可以為犧牲、乘輿不可以為驂服」，是無用之物；以天子之尊求物於外夷，有失國體；遣使迎接、派兵護送之舉，是「賤人而貴獸」，違反古訓。由於那幾個皇帝都視獅子為瑞獸，群臣的交章切諫都不管用。

然而自嘉靖四十三年魯迷貢獅，「後不數年，是獅亦死」之後，明朝國勢益頹，威望日降，遠國貢多不至，獅子竟成絕響，關於畜獅的種種爭議也自然不存在了。

　　另外，今天許多動物園的經驗都顯示，圈養中的獅子繁殖並不困難，但在明宮中何以沒有留下生育的記錄？這問題不難解釋，因為只有雄獅的樣子夠「炫」，符合傳統瑞獸的形象而得到皇帝的青睞，樸實無華的雌獅不符貢使的「經濟效益」，不可能萬里迢迢而來，也自然不可能會有下一代了。

（2007 年 8 月號）

馬偕在臺灣的動物觀察

◎—陳芝儀

前科學月刊主編

馬偕（George Leslie Mackay, 1844～1901），加拿大的第一位國外宣教士，中文名字偕叡理。1871 年 12 月 30 日搭船抵達打狗（高雄），隔年 3 月 7 日在英籍的李奇牧師（Hugh Ritchie, 1840～1879）與德馬太醫師（Matthew Dickson, 1871～1878 在臺）的陪同下，搭乘輪船「海龍號」來到淡水，從此落腳於北部，傳教長達二十九年多，1901 年 6 月 2 日，因喉癌病逝於淡水家中。

在臺灣，馬偕行醫、拔牙與宣教的事蹟為人所津津樂道，人們較不熟悉的是，他也是位業餘的博物學家。根據吳永華先生所著的《臺灣動物探

馬偕像。（作者提供）

險——十九世紀西方人在臺灣採集動物的故事》（晨星，2001），
馬偕曾採集不少動物標本，寄回母國加拿大的皇家安大略博物館與
多倫多大學醫學博物館，或收藏在 1882 年落成的淡水理學堂大書
院，做為博物課的教材。馬偕在理學堂大書院所開的博物課，是臺
灣博物學講授的濫觴。

　　馬偕對臺灣動物的觀察，收錄在傳記《臺灣六記》（臺灣銀行
《臺灣研究叢刊》，1960）第八章〈動物生活〉中（頁 30～40），

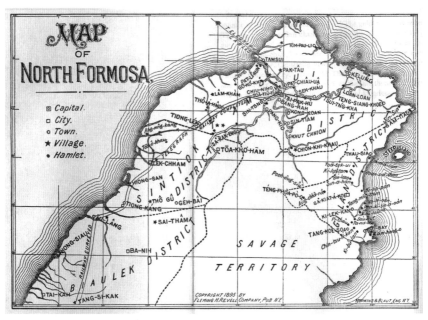

《台灣六記》所附北台灣地圖。（作者提供）

以哺乳類、鳥類、爬蟲類、魚類、昆蟲類及軟體動物等分別敘述，總計記錄了大約一百七十多種臺灣動物，對某些較熟悉的物種也留下個人珍貴的筆記。

《臺灣六記》（From Far Formosa）初版發行於 1896 年，一共出了四版，由麥唐納牧師（J. A. MacDonald）編寫完成，共三十六章。重點雖放在馬偕的傳教事業，但極大篇幅介紹臺灣的人文歷史與自然景觀，關於臺灣島自然環境與歷史背景的介紹，集中在第五章至第九章。

〈動物生活〉中哺乳類的部分，馬偕記錄了十四種臺灣特有哺乳類、十七種非特有哺乳類與五種家畜。其中特別提到曾飼養臺灣獼猴與臺灣黑熊：「臺灣有這一類的猴子（臺灣獼猴）很多。我們曾經把六隻這種猴子從小飼養起來，觀察牠們如何與最早的化石猴子相像。……」「我們養了一隻熊來陪伴猴子。看牠們欺負可憐的 Bruin（猴子名）一直到牠發怒為止，是很有趣的。……」；另外也特別描述穿山甲：「穿山甲在山中甚多，全身有鱗而無齒；穴居土中，如其名稱所示，以島上甚多的螞蟻為主要食物。……中國人以穿山甲比喻假裝文弱以便做壞事的人說：『穿山甲裝死，捉螞蟻』。有一種迷信，拔下穿山甲尾端上的第七片鱗，掛在孩子們的頭上，可作為辟邪的工具。」

在家畜中，馬偕特別對臺灣水牛（water-buffalo）和牛（ox）的分類提出自己的觀點：「關於這兩種動物水牛或牛似乎有一種誤解。Wallace寫著說：Bos chinensis即南中國的野牛，與臺灣牛形狀相似；Wright說臺灣有野牛；

馬偕全家合照。（作者提供）

Blyth說這是zebu（瘤牛）與歐洲牛屬的雜種。我迄今未見聞過（臺灣）島上有這樣的動物。……臺灣牛比較小，是Jersey種（澤西種），不擠奶……野牛屬在臺灣沒有看見。牛科的第三支派水牛（buffalo，學名為 Bubalus buffalus）顯然是東方的，在臺灣用以代馬，是最有價值的家畜。」

關於鳥類的部分，馬偕記錄了十七種臺灣特有的鳥類、十種非特有鳥類、五種海鳥與家禽。蛇類的部分為日記式，摘錄部分與讀者分享：

「某一天……發現了一條大蛇，長達八呎（約2.5公尺），躺在門檻上……兩三個學生聞聲而來，一同打死了牠，這種蛇屬於Ptyas mucosus（南蛇）類。」

「……我走進雞籠似的小屋，有一條像 hoop snake 那樣的蛇從屋頂上跳下來，在我面前捲成一堆；牠隨及昂起頭來，將要跳躍。……」

「……有一條蟒（python）類的大蛇盤在（竹鴿籠）上面，彎下來將頭伸向鴿籠的門口。……牠伸出之後，竟有八呎多長。」

「……我聽到放在樓上的一個洞上面的紙中間有什麼響聲，以為是老鼠在吵鬧……柯玖（馬偕次女婿）聞聲跑上來……隨即把一條大蛇露著的部分釘在樓下的牆上。……我速即用一條中國槍刺穿了牠的頭。蛇身全長九呎，三角頭形的頭上有九塊甲保護，身體文彩絢爛，毒牙並不尖銳，齒小而向內。……牠看來頗像印度的毒蛇 hamadryad」

「……突然看到有一件綠色的東西在小路的轉彎處的樹叢中。牠立即跳起來咬我的手……牙齒拉住了我的袖子。牠是 Dryophis fulgida 類的一條綠蛇，身長十八吋，有三角形的扁頭。……」

「……我在爬山時，不只一次，在很高的草和巖石中間為極凶惡的眼鏡蛇（cobra-decapello）所攻擊。……」

「我捉到一條 Naja tripudians 類的蛇，把牠的頭和頸放在亞摩尼亞的酒精中，牠也不過因痛苦而扭動，怒搖其尾而已。其身長達四呎六吋。」

龜類的部分記載三種。描述最多的是綠蠵龜（green turtle，學名為 Chelonia viridis）。馬偕記載，臺灣的東岸一帶很多，重達200～400 磅。夜間從海中上來，在海灘挖洞產卵，蓋好後再昂著頭跑回海裡。番人在海灘上燒著火等待牠們。這種烏龜笨拙易獵。魚類的部分，不分海岸還是溪澗河流，共記載十七種魚。

　　昆蟲類記載了四十種，特別著墨在蟬、螳螂、蟑螂、甲蟲、蚱蜢、白蟻、蜣螂與真蟻。軟體動物記載了四十種，特別描述對寄居蟹與蛤的觀察。

　　十九世紀時，臺灣生物的林奈式命名工作隨著西方博物學家的來訪，進入如火如荼的階段，其中成就最大的是英國領事郇合。臺灣動物學名中，以 Swinhoe 命名者不計其數。郇合分別在 1856 年、1858 年、與 1861～1866 年間來臺，加起來也不過八年，便成績斐然。馬偕在臺二十九年，專注在傳教工作，其間雖然也收集不少標本，但不是做為課堂教材，便是深鎖在加拿大的博物館中。因為沒有與世界分類學研究接軌，也難怪馬偕並未在動物學研究史上留下名號。

（2007 年 9 月號）

康熙詩錢二十品

◎──張之傑

政府開放兩岸往還不久，寒舍附近的傳統市場，每逢假日，有位退伍軍人擺攤賣些玉器、古錢等廉價古董。先父常到他的攤子東挑西揀，花了多年工夫，終於湊齊一套康熙錢。如今這套康熙錢放在我的床頭櫃裡，睡前常取出把玩。

康熙錢正面鑄「康熙通寶」四字，背面以滿、漢文鑄出鑄造地，先父曾對我說，依據各地鑄錢局，康熙錢有二十種，為了方便記憶，人們編成一首「背文詩」：

> 同福臨東江，宣原蘇薊昌。
> 南河寧廣浙，臺桂陝雲漳。

這二十種康熙錢，習稱「詩錢二十品」。上述二十字所代表的意義如下：

同：山西省大同府局

福：福建省福州府局

臨：山東省臨清局

東：山東省濟南局

江：江蘇省江寧府局

宣：直隸省宣化府局

原：山西省太原局

蘇：江蘇省蘇州局

薊：直隸省薊州府局

昌：江西省南昌局

南：湖南省長沙府局

河：河南省開封府局

寧：甘肅省寧夏府局

廣：廣東省廣州府局

浙：浙江省杭州局

臺：福建省臺灣府局

桂：廣西省桂林府局

陝：陝西省西安局

雲：雲南省雲南府局

　　漳：福建省漳州局

　　康熙六年之後，內地有十八省：直隸、山西、山東、河南、陝西、甘肅、江蘇、浙江、安徽、江西、湖北、湖南、四川、福建、廣東、廣西、雲南、貴州。對照二十處鑄錢局，缺安徽、湖北、貴州和四川。安徽與江蘇原為江南省、湖北與湖南原為湖廣省，可能延襲原有建制，而未設置。貴州可能因經濟落後而未設局。張獻忠屠川，四川幾無噍類（活口），康熙朝猶未恢復，沒有設局的必要。

　　先父曾對我說，戰前昇平時，人們就熱衷收集「詩錢二十品」，當時「臺」字錢極少，「南」字錢也不多，所以搜集成套並不容易。先父晚年搜集這套詩錢時，沒想到身在臺灣，還是「臺」

康熙通寶「原」字錢，左為滿文。

字錢最後到手。

先父遺留的那套詩錢，大小厚薄並不一致，其中「臺」字錢明顯偏薄、偏小，字跡也不清楚。我以為是今人偽造的，先父說，在大陸所看到的「臺」字錢就是這樣。後來讀了些史書，才知道臺字錢的來龍去脈。

我先在連橫《臺灣通史・度支志》看到下列記載：

康熙二十七年，福建巡撫奏請臺灣就地鑄錢。部頒錢模，文曰「康熙通寶」，陰畫「臺」字以為別。當是時，天下殷富，各省多即山鑄錢。唯臺錢略小，每貫不及六斤，故不行於內地。商旅得錢，必降價易銀歸。鑄日多而錢日賤，銀一兩至值錢三、四千。而給兵餉者，定例銀七錢三，兵、民皆弗便。市上貿易，每生事。總兵殷化行屢請停鑄，當事者不從。及調鎮襄陽，入覲，力言臺錢之害。旨下福建督撫議奏。三十一年，始停鑄焉。

康熙帝晚年畫像。

接著順藤摸瓜，在《臺灣通志・殷化

行傳》查到臺字錢的停鑄本末：

> 初鄭氏行永曆錢，有司請改鑄。部頒臺字錢式，鎔故鑄新；而臺字錢不行內地，商旅降價，易銀一兩，值錢三、四千文；給兵餉，例銀七成錢三成。兵以官值，強與民市，民多閉匿弗與。姦人搆煽，幾激變。化行嚴防切諭，得無事。因請停鑄，督撫不從。補襄陽鎮總兵，入覲，具言其弊。上愕然曰：「此事殊有關係，爾亦封疆大臣，在任何以不言？」化行頓首言：「武臣不敢與錢穀事。」上曰：「爾至襄陽言之未晚。」對曰：「越省言事，恐為通政司所阻。」上曰：「第作條奏來。」化行還鎮，即疏言之；果格於通政司。再具疏，乃得達，下閩督撫議，遂停鑄，兵民以安。

從上述史料可以看出，康熙朝官銙已出問題。按照官價，錢一貫（一千錢，即一千文）折銀一兩。康熙朝天下殷富，民間容或打個折扣，但應不致相去太遠。臺字錢竟然「易銀一兩，值錢三、四千文」，可見其不值錢的程度。

康熙錢每文原為一錢四分，康熙二十三年，戶部行文各省，一律改為一錢。以每文一錢計，一貫應為六・二五斤。臺字錢康熙二十八年開鑄，按理應為每文一錢。或許地處邊陲，官吏便於侵漁，

因而「每貫不及六斤」。臺字錢康熙三十一年停鑄，鑄造時間不過三、四年，加上不通行於內地，即便在臺灣，也不受人歡迎，難怪數量特別稀少了。

康熙四十一年，戶部通令各局，改為一錢四分及七分兩種，因而按照法定規格，康熙錢有三型：一錢四分（約 5.2 公克），俗稱重錢，也叫大錢；一錢（約 3.7 公克），俗稱「輕錢」；七分（約 2.7 公克），俗稱「小輕錢」。但因各局私自減重，造成參差不齊的現象。以臺字錢為例，原本應屬「輕錢」，但每文較法定重量大約少了 0.4 公克，加上銅質和鑄造拙劣，難怪遭到軍民排斥。

除了上述二十處鑄錢局，戶部設有寶泉局、寶源局，所鑄的錢，正面仍為「康熙通寶」四字，背面左右皆為滿文（寶泉或寶源）。康熙五十二年三月，康熙帝六十壽辰，特命戶部寶泉局精鑄一批錢，稱為「萬壽錢」（俗稱羅漢錢）。為了和一般錢幣相區別，正面之「熙」字，左邊少一豎，「通」字之辵部少一點。萬壽錢製作精美，銅質精良，色澤光亮，深受民間珍愛。

（2007 年 10 月號）

撲朔迷離的楓與槭

◎—李學勇

前臺大植物系教授

每年秋季，華人世界在欣賞美麗紅葉時，總是說不清到底是楓葉還是槭葉。有人說：「管它楓與槭！」更有人乾脆把它叫做「楓槭」。追根究柢，這個糊塗帳要從歷史中去追尋。

中國最早的字書《爾雅》中只有「楓」，沒有「槭」。第一次記有槭字的字書，是後漢和帝永元十二年（100）由河南汝南縣許慎所著的《說文解字》。許慎說：

> 「槭，木可作大車輮，從木，戚聲。」

從這麼簡單的解釋，沒有人能猜出許慎所說的「槭」，指的是什麼樹。不過依許慎的說法，「槭」字應該讀作「戚」（ㄑㄧ）。可是查字典或辭典時，不論《辭源》（1915 年）或是《辭海》（1936），都說「槭」音慼（ㄘㄨˋ或ㄗㄨˋ）。就連《新編國語日報辭典》（2006 年修訂）中，不但把「槭」字注音為ㄘㄨˋ或ㄗㄨˋ，並且

註明說：「誤讀作ㄑㄧ」。甚至有一本《國語活用辭典》（1994）說：「字雖從戚，但不可讀作戚。」這真是奇怪的現象，後世的辭書學家難道都沒讀過許慎的《說文解字》嗎？

事實上，大家所遵行的讀音，是根據宋代徐鉉所編《說文解字注》的誤注而來。徐鉉的《說文解字注》刊行在宋太宗雍熙三年（986）。他抄襲了他弟弟徐鍇在《說文繫傳》（974）中所作的研究。徐鍇（世稱小徐）在十二年前的研究中說（圖一）：

> 「槭，木可作大車輮；從木，戚聲。」另注：「臣鍇按字書又『木殞落貌』。臣按潘岳〈秋興賦〉曰：『庭樹槭以灑落』是

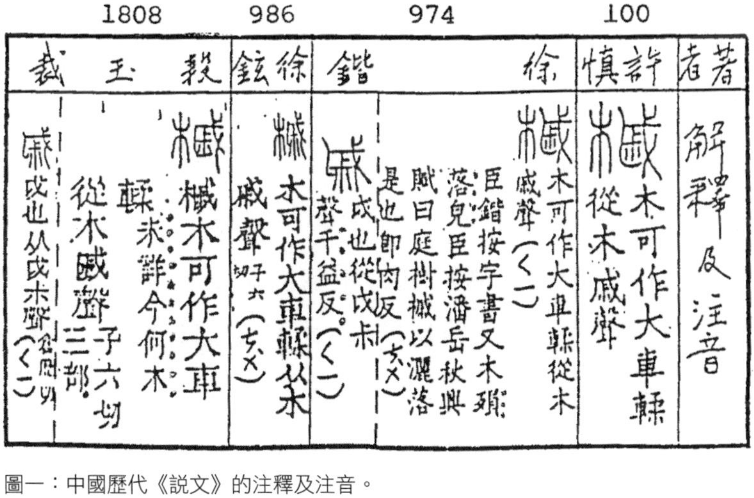

著者	許慎	徐鍇	徐鉉	段玉裁
	100	974	986	1808
解釋及注音	槭 木可作大車輮 從木戚聲	槭 木可作大車輮從木 戚聲（ㄑㄧ） 臣鍇按字書又木殞落皃臣按潘岳秋興賦曰庭樹槭以灑落是也即肉反（ㄘㄨˋ） 戚 戉也從戉尗聲千益反。（ㄑㄧ）	槭 木可作大車輮从木 戚聲 子六切（ㄘㄨˋ）	槭 槭木可作大車輮 輮未詳今何木 從木戚聲 子六切 三部 戚 戉也从戉尗聲 倉歷切（ㄑㄧ）

圖一：中國歷代《說文》的注釋及注音。

也。即肉反。」

　　根據切音法：即肉反，讀作ㄔㄨˋ、ㄖㄨˋ。依照「小徐」的記錄，潘岳賦句中的「槭」字不是名詞，而是形容詞或副詞，用來形容樹木枝葉凋落的情狀。所以不必讀作「戚聲」，而有另一個讀法。

　　可是徐鉉在986年刊印《說文解字注》的時候，徐鍇已在974年逝世。徐鉉只抄錄了徐鍇的注音，卻漏掉了徐鍇所引潘岳的文句。把原本應該讀作千益反（ㄑㄧ）的改為子六切（ㄗㄨˋ）。自此而至清代（1808），字學專家段玉裁重編《說文解字注》以來的一千多年，無人敢於改正徐鉉的誤注。甚至推翻了許慎的「從木，戚聲」而堅持「子六切」的注音，誠屬遺憾。

　　日本古時都把或叫做「楓樹」（見 1755 年的《廣倭本草》，圖二），可是由於小野蘭山於 1803 年（清嘉慶八年）在他的巨著《本草綱目啟蒙》中，誤將中國的楓樹稱為「槭」，又把明永樂四年（1406）刊行的《救荒本草》中的「槭樹芽」，誤認為是日本的。此後日本的植物學家一直都把楓樹當作是槭樹科的「槭樹」，將楓香誤認是「楓樹」。

　　中國的植物學家在甲午戰後，大批赴日留學，或通過學習日文

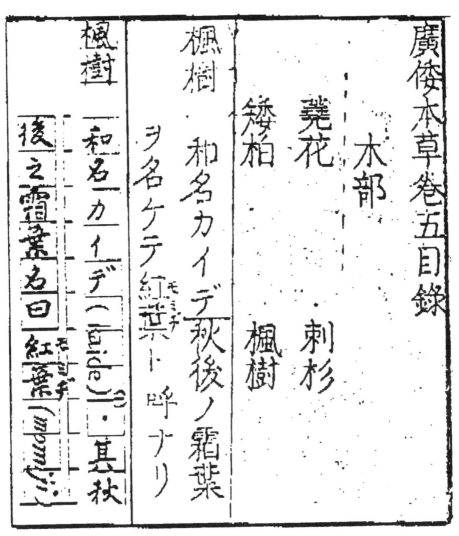

圖二：1775年的《廣倭本草》中有關楓樹的記載。

接受新知，因而就把小野蘭山的說法傳譯到中國。

　　然而，日本經過牧野的分析與更正，指出「槭樹」的錯誤，說：「把『槭樹』當作，我絲毫不表贊成。……（槭樹芽）的原文均屬模糊欠明之圖說，根本毫無依據，實無爭議之價值。」（那琦先生譯文）

　　日本東京帝大的植物學教授牧野富太郎早就不贊成把日本的叫做「槭」。在他的《日本植物圖譜》中一直都只用「科」，而從來不用「槭樹科」。後來的植物學者也都追隨牧野，已不再採用「槭樹」的名稱。但自1918年杜亞泉編的《植物學大辭典》出版以來，「槭樹」之名傳遍中國大陸及臺灣，成為似是而非的習慣名稱（圖三）。此間的植物學著作，至今仍將楓誤稱為槭，將原產南方的楓香誤稱為楓，雖

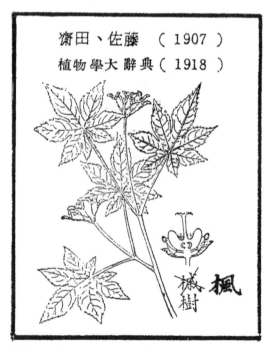

圖三：自 1918 年杜亞泉編《植物學大辭典》出版後，「槭樹」之名傳遍大陸及臺灣，以致以訛傳訛。

有識者提出糾正，但一直未能撥亂反正。

　　從上述論證可知：時下所謂的「槭」，應該為楓（葉對生）；而所謂的「楓」，則應為楓香（葉互生）；至於「櫠」，其指涉已不可考。

　　近年來，臺灣民眾每至深秋，都愛去日本觀賞楓紅美景。日人只寫楓而不再用「槭」，但臺灣仍說：「阿里山的紅葉是『槭樹科』的青楓和『紅榨槭』」，仍然迷失在「楓乎？槭乎？」的心境；更無法欣賞「停車坐愛楓林晚，霜葉紅於二月花」的高雅意境。

（2007 年 12 月號）

從「爐火純青」談「六齊」

◎─劉廣定

我國有句成語「爐火純青」,形容技術精湛、造詣高超或修養深厚。由於道士煉製丹藥多用「火法」,在「丹爐」中為之,所以古人以「爐火」表示道士「煉丹」。如晉人葛洪《神仙傳》六,〈李少君〉:「少君於安期先生得神仙爐火之方。」可能因近代的辭典編者對煉丹不甚了解,而以為「爐火純青」是煉丹成功之意。但為什麼說「純青」呢?卻沒有適當的解釋。實際上,丹藥有各種顏色,煉丹也不講究丹爐的火色。所以筆者認為,「爐火純青」應源自〈考工記〉,是我國古代煉製青銅(Bronze)過程中表示成功的指標。

〈考工記〉是【十三經】中《周禮》的最後兩卷,但原本不屬於《周禮》。因為《周禮》的〈冬官〉佚亡,漢人以〈考工記〉為代。其中有幾節關於煉製青銅的記載,其一為:

《周禮》〈考工記〉之部分複印。

則此器長用之音義尊道音凡鑄金之狀注故書狀作壯

杜子春云當為狀詡鑄金之形狀疏釋曰此文與下為日自金與錫已下

眾氏鑄治所候煙氣以知生熟之節金與錫黑濁之氣竭黃白次之黃白

之氣竭青白次之青白之氣竭青氣次之然後可鑄也

注消煉金錫精麤之候

「凡鑄金之狀：金與錫。黑濁之氣竭，黃白次之；黃白之氣竭，青白次之；青白之氣竭，青氣次之。然後可鑄也。」

這裡前一個「金」指「銅錫合金」（青銅），後一個「金」指銅。古人對於物質的觀念，遠不如現代嚴謹，只要主成分是「金」（銅），都稱為金。由上文可知，將「銅」和「錫」混合，用火燒熱，其中雜質變成黑濁，黃白，青白各色氣體狀態逐漸釋出，最後在火上呈現「青」色之氣表示已形成「銅錫合金」，然後才可以鑄造器物。所以，「爐火純青」代表已臻最佳境界。

當時人已知道用途不同的合金，成分應有所差異。所以〈考工記〉裡又說：

> 「金有六齊：六分其金而錫居一，謂之鐘鼎之齊；五分其金而錫居一，謂之斧斤之齊；四分其金而錫居一，謂之戈戟之齊；三分其金而錫居一，謂之大刃之齊；五分其金而錫居二，謂之削殺矢之齊；金錫半，謂之鑒燧之齊。」

此處「齊」讀如「劑」，「金有六齊」意謂銅錫合金有六種「配方」。唯這段文字中有不同的解釋：（一）「金」指「銅」還是指「青銅」？（二）「金錫半」的意義究是「金錫各半」、抑或「金一錫半」（金，錫半）？

早在約半個世紀前，北京清華大學化學教授張子高先生就從比較周、秦典籍中語辭的用法，得到「凡金錫對舉成文的金，乃指單質的銅」的結論。但仍屢有爭議。筆者同意此說，蓋比較上文引述的兩段文字，即可發現開始的「凡鑄金之狀」和「金有六齊」都等於小標題，其中的「金」指「銅錫合金」（青銅），後文「金錫」並稱的「金」乃指銅。至於「金錫半」，多數人認為應是「金一錫半」，即金（銅）占三分之二，錫占三分之一。主要原因是有鑄造經驗者知道，青銅含錫量超過 30%時，含錫量愈高，愈脆弱易碎，

不適製作器物。由此亦可推知「金錫半」中的「金」不可能指「青銅」。依照以上的解釋,可以估計「六齊」的銅錫百分比如下:

器名 ＼ 項目	銅	錫
鐘　鼎	85.71%	14.29%
斧　斤	83.33%	16.67%
戈　戟	80.00%	20.00%
大　刀	75.00%	25.00%
削殺矢	71.43%	28.57%
鑒　燧	66.67%	33.33%

很多人都認為「金有六齊」一段中的「分」是按重量來分,並試由實物的成分分析結果比對,期望得到證明。多年來,深入探討此問題的中外人士甚眾。但筆者以為,由於多種因素影響,即使採用現代分析方法,亦難獲得關於「六齊」有意義的結論。現簡述於下,並希望能藉此說明「科學思考」的必要:

(一)古代衡量是否普遍使用「標準」的量器?稱量之準確度如何亦不得知。幾個百分點誤差的可能性很大。

(二)金屬原料本身含有雜質(見上文),而熔融過程中,部分金屬亦可能發生氧化。故製成青銅後其成分比例必與原料比例不同。

(三)古代冶鑄青銅器物時不一定每次都能成功,常須重複熔煉。自商末開始就有銅料短缺的現象,西周以後更為嚴重,特別如戈刀等兵器,戰爭中消耗量很大,舊器重鑄勢為必要。再熔鑄時錫的損耗率較大,銅之量相對提高。例如日人松野貞先生 1921 年曾報告重新

藏於國立故宮博物院的「毛公鼎」製於西周晚期，以內部銘文長於四百九十七
字，為出土銅器之冠而聞名世界。（作者提供）

熔解八次後，銅之含量自 58%升到 64.54%，錫則自 38%降到 32.55%。

（四）目前已有不少證據顯示中國青銅器各部位之成分可能不一致。如臺北故宮博物院的張世賢先生，多年前曾測知「毛公鼎」六個不同部位的樣品，含銅從 61.46%到 80.96%，含錫則從 8.7%到 10.96%，無一處相同。

（五）已知不同的分析者，使用相同或不同方法所得的結果都可能不同。例如曾有二十一個機構分析同一商朝觚之含銅量，其結果最高 86.4%，最低 75.5%。故甚難依據有限的數據來斷定分析結果之確實性。

（六）青銅器除了銅、錫之外，多含有相當量的「鉛」。可能因古人對錫鉛分辨不清。也可能當時有些人已能認識「錫」「鉛」性質不同，知道銅錫合金若含錫較多，則機械性能變差，必須加入鉛予以改善；或為提高熔融液的流動性，而故意加入鉛。換言之，除「鐘鼎」（一般含錫 20%以下）外，必須加鉛才合實用。

綜合以上可知，即使用現代的分析方法，亦難獲知古代的配方究竟如何？以此解釋「六齊」似無多大意義。且「六齊」中無隻字道及「鉛」，若只按六齊配方則除鐘鼎外，其他器物將難製成、或製成後不合實用。故〈考工記〉之「六齊」究竟價值何在？實有可疑。

（2008 年 2 月號）

龍的由來

◎—杜銘章

任教臺灣師範大學生命科學系

龍，這個兼具尊貴、莊嚴及絢麗的動物，是中華民族共有的圖騰，牠既是華人的標誌和象徵，也是帝王和皇權的代表，但從生物學的觀點來看，牠不但一點都不完美，而且適應不良。因為牠的四肢太短，根本無法在陸地撐起細長的身體，如果牠硬要在路上行走，頂多也只能像蛇一樣蜿蜒爬行。這樣的話，牠那四隻腳又顯得太粗壯，因為若要經常用身體蜿蜒爬行，四肢必然要退化，才不會妨礙爬行；若不退化，則會在爬行過程中與

地面不斷摩擦而破皮發炎。這樣的身體構造只有在水裡才稍有可能存活，因為水可托住全身的重量，所以長的身體配上短的四肢還不至於有太大的問題。

但如果龍生活在水裡，牠那大鼻子又不該長在正前方，尤其兩個鼻孔又不小，即使裡面長了瓣膜，游起泳來要阻隔水灌入呼吸道也會特別費力；而頭上那一大叢的鬃毛，雖然可像雄獅子的鬃毛一樣增加威儀，但在水中卻發揮不了作用，反而會增加很大的阻力，讓牠既難以快速前進，又浪費寶貴的能量。同樣地，頭上那一對麒麟角在水裡也會破壞流線型的狀態，真要用來像鹿角那樣頂撞時，在水裡又發揮不了作用。至於傳說中牠能騰雲駕霧，更是無稽之談，雖然《山海經》中的應龍是長有翅膀的龍，但一般的龍是沒有飛翔的構造的，別說升天，要登陸都很難了！

龍不可能是真實的動物，應該不會有太多人反對，但牠很可能是從既有的動物中再加以渲染而成，而非憑空捏造，至於牠是從何種動物演變而來，則有不同的說法。蛇是一個常被提及與龍有關的動物，但牠們的形態有太多不同之處，而且先秦典籍就已將牠們分得很清楚，實在難以採信龍是由蛇演變而來的看法。

龍和鱷魚相同之處反而比蛇還多，例如延長的嘴巴和上下兩排利齒、上突的眼睛、明顯的鱗片、四隻短短的腳、腳上的利爪和延

鱷魚和龍有許多相似之處。

長的尾巴以及尾巴上的三角形盾板等。龍除了尾巴之外，背部也有
三角型的盾板，古人畫的一張鱷魚側面圖中，背部和尾部的三角形
盾板也是連在一起。鱷魚的尾部後段只有一列三角形盾板，前段的
三角形盾板其實是左右各一列；而到了身體的部位，這些盾板則明
顯的變小且增加為好幾列，如果從側面觀察，確有可能從背部到尾
端只呈現一列三角形盾板。

有關龍的圖像，一開始身體並不長，漢朝以後龍的身體才開始變長，並逐漸在明朝定型為現今的模樣。此外龍是一個象形字，從其文字的演變中，可以看到牠一直有巨口和獠牙的特徵，雖然四隻腳在古代龍字演變過程中並不一定都有，但甲骨文中的龍字卻明顯有短腳、巨嘴和尾巴，很像一隻張大嘴巴的鱷魚。

古龍字頭上多有一個「▽」記號，學者認為這個記號是辛字的意思，辛置於龍頭上代表刑殺，巫術上是一個鎮伏的記號。古字中除了龍以外，野豬和老虎等猛獸的頭上也有辛字，顯示古人很畏懼龍，因此在其頭上標記

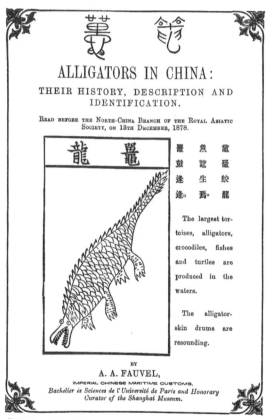

在古人畫的一張鱷魚側面圖中，背部和尾部的三角形盾板也是連在一起，圖為 Alligators in China: Their History, Description and Identification 一書封面。

辛，以期能降服牠，商周的青銅器圖文上，也可以看到一些龍吃人的飾紋。

　　古人常以周遭的生物、無生物或自然現象做為氏族的代表，並進而用其圖像做為部族的圖騰，而凶猛令人敬畏的動物常是被崇拜

龍字的演變。甲骨文龍字明顯有短腳、巨嘴和尾巴，很像一隻張大嘴巴的鱷魚。（取自何新《龍：神話和真相》，1987 年）

的對象，例如百步蛇是臺灣排灣族的圖騰；而突厥的圖騰是狼；相傳黃帝和楚人的圖騰是熊；因此鱷魚自然有可能成為某一部族的圖騰代表。

根據古氣象學的研究，商周以前中國的中原地區氣候相當濕熱，甲骨文記載殷墟的周圍曾有森林草原且雨量非常豐富，而中原新石器文化區域所挖掘出土的物品中，動物的獸骨常包含水牛、野豬、犀牛和鱷魚等，屬於熱帶和亞熱帶型的種類，中國古地層中鱷類的化石也非常豐富，已發現的古鱷類化石就有十七屬之多，所以鱷魚早期在中原地區應相當豐富，後來因為氣候的改變及人類改變自然環境的能力和作為增加，鱷魚才漸漸從中原地區消失。

《左傳》中有記載，魯昭公二十九年（西元前 513 年）的秋天，龍曾出現在晉國絳都，也就是現在山西侯馬的近郊，人們感到驚奇又恐慌，有人想捕捉牠，但又害怕。於是身為貴族的魏獻子，便請教博學多聞的太史官蔡墨，蔡墨告知從舜至夏代，都有養龍、馴龍和吃龍的事，並列舉古代馴龍者的氏族和後代，只是後來大地上水澤少了，龍才成為稀奇之物。

《詩經》是中國從西周到春秋中葉（即西元前 1100 到 500 年左右）的一部詩歌總集，裡面有許多當時動植物的名稱，其中一段曾提到「鼓逢逢」，鼓就是由鱷魚皮做成的大鼓，可見我們的祖先應

漢畫中的龍。（作者提供）

曾和鱷魚共同生活過。當鱷魚逐漸消失後，一些不真實的傳說開始
蔓延，在帝王選擇牠們為權利的象徵後，神祕的色彩和形象便更為
加劇。中西方學者曾不約而同考證出龍應是源自鱷魚，且引證論述
合理堅實，讓筆者深信龍應是源自鱷魚無誤。

（2008 年 3 月號）

相風烏和候風雞

◎─劉昭民

風向和風速的測定，不論是農工業生產或者軍事上都非常需要，所以現代氣象人員，都要使用由風向標和紀錄器所構成的風向計來觀測風向，要使用風杯風速計和達因風速計來觀測風速。

中國古代先民雖然缺少現代化的氣象儀器來觀測風向和風速，但是他們很早就已經知道觀測風向、風速的重要性，而想盡辦法發明一些簡單的工具和儀器來觀測，而且從西漢武帝時代開始就已經有了很具體的成就。

早在漢武帝時代，中國先民就已經使用綢綾之類的東西所做成的旗子，或者使用羽毛結成一串長羽，懸掛在高杆的頂端，看旗子或長羽的吹向來觀測風向，並由所舉起的

第九世紀時，西人所發明的候風雞。
（作者提供）

程度，大約估計風速的大小。《淮南子》一書上說它無片刻安定，可見這種測風器還相當靈敏。

西漢武帝時代，還發明一種叫做「銅鳳凰」（相風烏的前身）的測風儀器，《三輔黃圖》卷之三〈建章宮〉記載說：

> 漢武帝太初元年（西元前 104 年），作建章宮，建章周回三十里，東起別風闕，漢武帝造，高二十五丈，乘高以望遠，又於宮門北起圓闕，高二十五丈，上有銅鳳凰，赤眉賊壞之。……

《漢書》曰：

> 建章宮南有玉堂璧門三層，臺高三十丈，玉堂內殿十二門，階陛皆玉為之，鑄銅鳳，高五丈，飾黃金，樓屋上，下有轉樞，向風若翔。

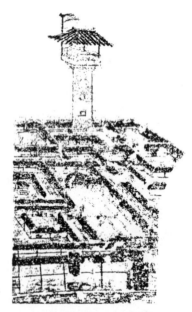

東漢靈帝時畫像磚上的相風銅烏和風向旗。（作者提供）

說明銅鳳凰係裝置在屋頂上，銅鳳凰下面有轉樞，風吹來時，

它的頭會向著風，好像要飛的樣子，可知它類似今日之風向標。到了東漢時代「銅鳳凰」就變成了「相風銅烏」，《三輔黃圖》卷之五〈臺榭〉篇上說：

> 漢靈臺（天文臺和測候所）在長安西北八里，漢始曰清臺，本為候風者（占候人員）觀陰陽天文之變，更名曰靈臺。郭延生《述征記》曰：長安宮南有靈臺高十五仞（相當於 120 呎），上有渾儀，張衡所製，又有相風銅烏，遇風乃動，烏動百里，風鳴千里。

說明張衡不但發明渾儀，還發明相風銅烏，它遇風乃動，烏動百里，風鳴千里，可示風速之快慢。

清道光年間麟慶所繪相風銅烏。（作者提供）

1971 年，考古學家曾經在河北省安平縣逯家莊發掘東漢墓，在墓中發現一幅大型建築群鳥瞰圖之壁畫，在該壁畫上可以見到建築物後面的一座鐘鼓樓上，設有相風烏和測風旗，這是我國最早的相風烏圖形，繪於東漢靈帝時代（距今一千八百多年），證明漢朝時代中國先民確實已經使用相風銅烏和風向旗。

到了三國時代，人們覺得「相風銅烏」過於笨重，搬運不便，於是就改用木材做成「相風木烏」，這樣就比較輕便，因此使用的範圍更加擴大。魏晉南北朝時代，它被大量使用於城牆上、官吏富豪家的庭院園林中、舟船和車輛上，所以當時記載相風烏的文章很多。例如晉武帝時，司空張華「相風賦」上有說明：「太史侯部有相風烏，在西城上……。」梁朝庾信賦有「華蓋平飛，風烏細轉。」

　　唐朝時繼續使用「相風烏」，並且使用一種稱為「葆」的測風器，這種「葆」不僅能測風向，同時還能根據羽毛（雞羽）被舉起的程度，大致判斷風速的大小，也可以說是一種雛型風速計。唐太宗時，李淳風在《觀象玩占》中說：

> 候風之法：凡候風必於高平遠暢之地，立五丈竿。以雞羽八兩為「葆」，屬竿上。候風吹葆平直則占。或於竿首作槃，作三足烏。兩足連上外立，一足繫下內轉。風來，則烏轉迴首向之，烏口銜花，花施則占之。……平時占候必須用烏。軍旅權設取用葆之法……。

　　說明相風烏一般設在固定的地方，作為占候之用。在軍中，因為部隊常會調動，還是使用雞毛編成的風向器——「葆」比較好。由此可見，唐朝時代所使用的相風烏和「葆」可媲美於漢朝時代的

「相風銅鳥」和風向旗。

2003 年 12 月，氣象人員在中國大陸山西省渾源縣的遼代（也就是北宗時代）圓覺寺釋迦舍利磚塔上，發現一個鐵質鸞鳳（鳳凰）風向標，至今已有九百多年的歷史。該風向標通體呈黑色，構造精巧，不銹不蝕，轉動自如，是中國現存最古老的風向標，可以說是一具「鐵鳳凰」。

到了清道光年間，江南河道總督麟慶，在《河工器具圖說》卷一中說：

> 刻木象（像）烏形，尾插小旗，立於長竿之抄或屋頂，四面可以旋轉，如風自南來，則烏向南，而旗向北。

可見清朝中葉，國人還在水利工地上使用相風木烏。

在西方，歐洲人和阿剌伯人直到第九世紀才發明候風雞。北宋時代（第十世紀）方信儒在《南海百詠》上記載廣州之建築

遼代鐵製風向標。

物說：

　　番塔──始於唐時（七～九世紀），回（指回人）懷聖塔，輪
　　囷直上，凡六百十五丈，絕無等級，其頂標一金雞，隨風南北，
　　每歲五六月，夷人（回人）率以五鼓登其絕頂，叫佛號，以祈風
　　信，下有禮拜堂，係回人懷聖將軍所建，故今稱懷聖塔。

　　說明唐代廣州懷聖塔上建有風向雞──候風金雞，能隨風南
北，但是比起中國漢朝時代的「相風銅鳳凰」和「相風銅烏」要晚
大約一千年。

（2008 年 5 月號）

東西方書籍的裝幀

◎—陳大川

中研院科學史委員會委員

古籍圖文載體，歐洲用蠟板，兩河流域用泥板，埃及用埃及草紙；又稱芭芘草紙（papyrus），近東用羊皮紙（parchment），印度用一種棕櫚樹葉製成的貝多羅紙（pattra），中國則用縑帛、竹、木簡。西元 105 年蔡倫發明造紙法後，二至四世紀為簡、紙兼用，四世紀以後則完全使用植物纖維製的紙。

西元 751 年，中國造紙技術西傳。九世紀時中亞及近東已使用中國式的紙，而價貴量少的羊皮紙僅供宗教及皇族使用。印度南部及東南亞仍以貝多羅紙為主。十世紀以後，埃及芭芘草紙絕跡，西歐乃逐漸使用中亞製造的中國式紙張。

芭芘草紙、羊皮紙、及竹、木簡，展閱及收藏時用卷子（roller），中國的縑帛及紙亦用卷子，但加裝一只軸心，稱為卷軸裝（scroll roller binding），始行於南北朝（420～589），並外包「帙套」以利保護儲藏。

唐朝初年流行小幅詩牋，或將大幅紙裁切成單張「葉子」，書寫後再錯開貼於長紙卷上，可逐頁翻閱，捲起收藏時外觀亦如卷軸，稱為旋風裝（whirl wind binding）。後被其他裝訂法代替，此種裝幀為時甚短。

　　印度的貝多羅經本，為寬約五公分、長約三十公分之窄片，分別在中部錐鑿出二小孔，用線穿過以免散失。貝多羅棕櫚樹產於印度南部，多用於印度教及小乘佛教經典。中國唐朝以後至五代，西藏已知造紙術，乃仿照貝多羅經原理，用狹長竹簾抄成寬約八公分、長四十公分的厚紙片，以藏文寫經，至今猶存。一部經文完成後用木片夾住，再用繩捆紮，稱為梵夾裝（sutra binding）。貝多羅被紙取代，但裝幀法未變。

　　梵夾裝只適用於藏經，但易失散。唐朝中葉造紙技術進步，紙張尺幅加大，乃將較寬的長幅紙連續書寫後，反覆摺疊為小幅，前後頁糊在木夾板上，為梵夾裝之改良型，稱為經摺裝（pleated leaf binding）。此法可將長條紙再接長，使書寫不至間斷，又因紙幅較寬（又稱「高」，對橫長卷而言），更適合中國式直行書寫。

　　雕板印刷術發明，木板尺寸受限制，只能單張單面印刷，將有字的一面向內摺疊，各頁順序撞齊，在摺頁的一邊用糊粘牢，厚紙包封，切齊另三面不整齊部分，稱為蝴蝶裝（butterfly binding），始

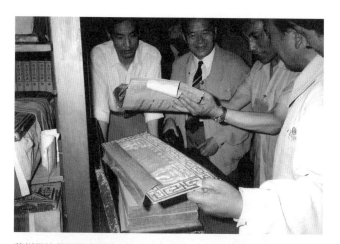

蘭州民族學院圖書館的梵夾裝藏傳佛經。（張之傑攝影）

於五代，盛於宋初，開啟冊頁裝的新時代。但其缺點，在閱讀時翻頁，前有文字次頁空白，需再翻一頁始可續閱。但是，如果將空白紙張如此裝訂後，再在紙頁正反兩面抄寫書文，前後可一貫，就能免去這種缺點。

印刷術進入活字時代，大部頭成套書籍使用蝴蝶裝便不適宜，乃在製版時，將版的中央部分多留空行，加刻頁碼，印成裝幀時以此為中線向外摺疊，將空白面摺在有字頁背後，如此，翻頁閱讀時前後貫通，使冊頁更為完善，稱為包背裝（wrapped back binding）。

冊頁組合為書後，不論用漿糊黏牢，或「打紙釘」約束各頁，久必鬆脫，對書籍保存甚為不利，於是有線裝（stitched binding）書的改進，在明朝時最為盛行。

西方的古籍中，早在西元前 3000 年，埃及草紙已用為圖文載體，一直使用到西元十世紀，被中國紙完全代替為止，幾乎全為卷

子，未見冊頁。

土耳其等近東一帶，最通用的為羊皮紙，西元前400年間，均為卷子，到西元後四世紀時，才見有單張摺疊的文件，沒有裝訂，因保存及傳遞較卷子方便，乃成為羊皮紙冊頁的

線裝《金瓶梅》。（維基百科提供）

原始。四世紀以後的卷子，基督教聖經，有在卷子兩端加一套子，一端較長，可用手把持，使手不接觸經卷。

五世紀時，將對摺的單張累集為一冊，用線縫在一起，外用粗羊皮包裝，與中國式的包背裝近似。五世紀以後至十一世紀，拜占庭帝國時，包背裝內頁裝訂法更加牢固，書籍前後封面，也變得更為豪華。內頁用小羊羔皮，封面多用老羊皮或犢牛皮，成為硬皮封面，上面塗色壓光外，更將寶石、金、玉、瑪瑙等貴重物品加綴鑲嵌，或壓印為稀有的動植物圖案。此類精裝書，大多數供基督教聖

東方式裝幀

旋風裝

卷軸裝

梵夾裝

經摺裝

蝴蝶裝

包背裝

線裝

西方式裝幀

活動軸羊皮紙經卷

精裝

東西方書籍裝幀示意圖，東方變化較多，西方以精裝見長。（作者繪製）

經抄錄及樂譜之用。如此高貴華麗的典籍,乃成信仰、技藝、及愛的綜合體。

八世紀時,英國與拜占庭合作再加改善,從此精裝書籍乃流行於歐洲。印刷術發明後,歐洲各國已多能自行抄製中國式的紙,因此,文學、哲學等宗教以外的書籍大量問世,1476 年 William Caxton乃擴大將印刷與裝幀在倫敦首次商業化的製作銷售,書面設計更見多彩多姿。

東方的包背裝始於南宋(1127～1279),線裝盛於十七世紀的明代,而包背硬封面的精裝書,則是清末民初的事。由此看出西方的精裝書裝幀,比東方早出現約一千年。

(2008 年 6 月號)

古人對長毛象的認知

◎—劉昭民

由林仲篪文教基金會和《聯合晚報》聯合主辦的「沈睡一萬八千年的冰原巨獸——長毛象特展」，預定於 2008 年 7 月 11 日至 11 月 4 日在臺北市中正紀念堂展出。此再度喚起社會大眾對這一種史前巨獸之注意與重視，對於這一種史前巨獸名稱的由來，我國古代先民對牠的認識，牠消失的原因為何？一定均感興趣，茲撰成本文加以探討。

長毛象就是古生物學上的猛瑪象，屬名 Mammuthus，源自俄羅斯文，由烏拉爾山區之 Vogul（沃古爾）語衍變而來。長毛象屬於象科，和現生的亞洲象、非洲象有血緣關係，都是群棲動物。牠們體型巨大，肩高三‧五公尺至四‧五公尺，體重六千至七千公斤，和現生的象差不多。成年的長毛象通常有一對又長又彎的大象牙，和一身濃密的長毛，這一點和現代的象不一樣。

長毛象最早可以追溯到地質時代第三紀上新世（距今四百多萬

長毛象素描。（林俊聰提供）

年前）出現在非洲，後來一代一代地遷徙到歐洲、亞洲和北美洲，更新世時代（距今三百萬年前至一萬一千年前），氣候轉寒，中高緯地區先後經歷四個冰河期（年均溫較今日低 4～6℃）和間冰期的洗禮，長毛象曾經和人類的祖先處於同一時代。

　　長毛象遺體和化石，多保存在中高緯度地區的更新世永凍土和永凍冰層中。最早的記載出現在魏晉或南北朝時期的《神異經》：

北方層冰萬里，厚百丈，有磎鼠在冰下土中焉；形如鼠，食草木，肉重千斤，可以作脯，食之已熱；其毛八尺，可以為褥，臥之袪寒；其皮可以蒙鼓，聞千里；有美尾可以來鼠，此尾所在，則鼠聚焉。

可見先民在一千多年前已經吃猛瑪的凍肉，並說，吃了可以退火。南北朝梁武帝時代，《金樓子‧志怪篇》記載：

晉寧縣（今雲南境內）境內出大鼠如牛，土人謂之鼲鼠。

文中的鼲鼠，顯然是指猛瑪。到了唐初，房玄齡在《晉書》上說：

宣城郡（今安徽省宣城縣）出㒶鼠，形似鼠，褲腳類象……。

文中的㒶鼠就是猛瑪。到了唐玄宗開元年間（西元 713～741 年），《本草拾遺》的作者陳藏器也說：

此是獸類，非鼠之儔，大如牛，而前腳短……。

可見到了唐代，先民對猛瑪的觀察和認識已由淺而深，故對猛瑪的描寫如此逼真，還正確地指出牠是獸類，不是鼠類，這個見解，時間上早於法國十八世紀古生物學家和地質學家居維業（G. Cuvier, 1769～1832）約一千年。

明代李時珍在《本草綱目》卷五，冰鼠條中說：

> 東方朔云，生北荒基冰下，毛甚柔，可為席，臥之卻寒，食之
> 已熱。

可見明代李時珍把猛瑪叫做「冰鼠」，牠的皮毛已被人們作為
席臥之用，而且人們將之藥用，認為吃牠的肉可以退火。

到了清代，康熙皇帝在《幾暇格物編》下冊卷中鼸鼠條中說：

> 俄羅斯近海北地最寒，有地獸焉，形似鼠而大如象，穴地而
> 行，見風日即斃，其骨亦類象，牙白澤柔軟，紋無損裂。土人每
> 於河濱土中得之，以其骨製（碗）、楪（碟）、梳、篦，其肉性
> 甚寒，食之，可除煩熱。俄羅斯名摩門窟，華名鼸鼠。

說明西伯利亞地區地下有猛瑪化石，土人常在河濱土中發現
牠，利用牠的骨骼製造碗、碟、梳、篦等。「穴他而行，見風日即
斃」，顯然出於訛傳。

清朝中葉時，鄭光祖在《一斑錄》卷三〈物理篇〉中也記載說：

> 鼸鼠大如象，牙亦如象，色稍黃，古傳有是物。今俄羅斯北海

（貝加爾湖）邊有之，常匿層冰之下沙土中，不見風日，一見即斃，以此齒骨製碗，碟，康熙時已通貢獻。

比《一斑錄》稍遲一些的《博物新編》第一集熱論中也有記載說：

　　迤北之境多冰山，四面玲瓏瑩冰可畏，當遇酷熱，冰山冰陷，中有死獸，形狀古特（其形如象，而大於象），骨肉鮮新，熊羆爭聚食之，邊卒馳報其王，王使名臣往驗，蓋三千年物也，遂收

長毛象的骨骼標本。（林俊聰提供）

其骨存內府，至今傳為古器云……。

　　由前文之描述，可知這是指出現在西伯利亞冰凍地帶之猛瑪化石，由於出土時「骨肉鮮新」，故「熊羆爭聚食之」，當時大臣檢驗後，稱牠是三千年前所遺留下來的，其年代實則過短，應該改稱一萬多年前才對。

　　長毛象的祖先在遷徙過程中，因適應當地氣候而不斷地演化，所以牠們在中國北方和西伯利亞就演變成全身有長而柔軟體毛之長毛象。其滅絕原因最主要是氣候由寒冷變溫暖，更新世時代全球處於冰河期時代，其年均溫較今日低 $4\sim6$℃，但是距今一萬一千年前開始，冰河期宣告結束，平均溫較今日高 $2\sim3$℃，以致長毛象無法適應而滅絕。長毛象的另一滅絕原因是人類獵殺，當溫馴的長毛象遇到使用工具、成群狩獵的人類祖先，只有死路一條。

（2008 年 8 月號）

從核舟記說起

◎─張之傑

您應該讀過明・魏學洢（1569～1625）的〈王叔遠核舟記〉吧，可是您可曾想過：在寸許的桃核上，「為人者五，為窗者八，為箬篷，為楫，為爐，為壺，為手卷，為念珠者各一；對聯、題名並篆文，為字共三十有四……」王叔遠是怎麼辦到的？筆者認為，他使用了放大鏡，而且是進口的玻璃放大鏡。

中國人不擅長玻璃工藝，歷代出土的凸透鏡，幾乎都是水晶製品。古人製作水晶凸透鏡，主要用來取火，故又稱火晶或火珠。水晶凸透鏡的另一用途，就是放大；只要擁有水晶凸透鏡，自然會覺察其放大功能，最早的記載見宋・劉跂的《暇日記》：

> 杜二丈和叔說，往年史沆都下鞫獄，取水精數十種入。初不喻，既出乃知案牘故暗者，以水精承日照之則見。

當案牘看不清時，就用水晶透鏡鑑識，史沆擁有多枚透鏡，可

能各枚放大倍數不等。

凸透鏡既然具有放大功能，人們不免會用來製作微型字畫、微型雕刻（筆者特稱為微藝術）。然而製作水晶透鏡必須將天然水晶切成片，再研磨出曲度，極其耗時費力。玻璃透鏡可以鑄造，一體成形後稍事研磨即可。因此，西方玻璃透鏡傳入前，

雷文霍克以及自製的顯微鏡作觀察。他的顯微鏡由單一透鏡構成，曲率甚大，近似圓珠，觀察時必須貼近眼睛，觀察物則固定在一根針上。

水晶透鏡為珍稀之物，一般藝匠不易獲得，微藝術也就不可能普及。

筆者所經眼，明代之前的微藝術史料，只有元·楊瑀《山居新話》（1360 年刊刻）一則：

> 人謂縣官王倚有一毛筆，筆身不較通常者為大，而兩端則較大，徑約半寸。兩隆起端之間，刻有圖，隊伍、人馬、亭臺、遠水，皆極細微。每景有詩兩句，非人工可致也。畫線照耀如白

堊，反光下清晰可見。……聞北京鼓樓大街王府藏有一射指之玉環，大小略如乞丐之碗下之環，然上刻心經一全卷。又，先君御史常謂曾見一竹製龜，大小與余所藏者相若，然象牙刻字嵌於黑烏木，字為孝經一篇，不大於食指。與王倚之筆較，則技更巧矣。

根據維基百科，西方放大鏡的發明不晚於十三世紀。放大鏡何時傳入中國已不可考，鑑於西方事物大多於明代中葉（十六世紀）以後傳入，放大鏡大概也不晚於此時。魏學洢所記的「奇巧人」王叔遠，就活動於明末。

從明中葉至清末，筆者所經眼的微藝術史料就有十餘則，魏學洢的〈王叔遠核舟記〉不過其中一例。康熙間東軒主人撰《述異記》，首見顯微鏡一詞：

康熙初年，浙杭祝玉成，字培之，年八十餘，畫事入微渺，入秋毫之末。予得一牙牌，長一寸五分，闊一寸，一面畫虯髯客下海，其中虯髯公、李靖、紅拂、虯髯之夫人，奴十人，婢十人，箱籠二十，楚楚排列，鬚眉畢具。上寫曲一齣，筆畫分明，一面畫二十小兒，種種遊戲悉備，內一小兒放風箏，其線有數十丈之勢，高空紙鳶亦可辨焉。然其筆墨所佔特十之三四耳。至於粒米而真書絕句，瓜仁而羅漢十八，無少模糊，觀者以顯微鏡，無一

苟筆。

當時的顯微鏡，實為放大鏡。西方早期的顯微鏡，亦為單式（一片透鏡）顯微鏡，即倍數較高的放大鏡，微生物學之父雷文霍克的顯微鏡即屬此類。引文「觀者以顯微鏡，無一苟筆」，表示製品必須用放大鏡才能觀賞，也表示放大鏡已非罕見之物。

乾隆年間，無錫人黃印，撰《酌泉錄》，提到以放大鏡製作微藝術，以下引文的「眼鏡」，可能類似鐘錶師傅所用的放大鏡。

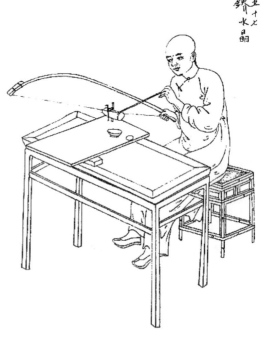

1830～1836 年廣州畫師庭 繪《三百六十行‧界（金旁）水晶，》界（金旁），廣東方言字，裁割之意。因裁割、研磨耗時費工，昔時放大鏡甚為稀有。

邑尤某，善雕犀象玉石玩器，精巧為三吳冠。……遂以尤犀杯稱之。康熙中，嘗徵入內苑，後以年老辭歸。嘗言：在內苑時，出以珠玉，小於龍眼，命刻赤壁賦於其上，珠小而堅，意難之。

內以眼鏡一副與之，取刀以試，清激異常，絕不覺其隘，游刃有餘，真罕及也。

同治年間，毛祥麟在《墨餘錄》記述：

西洋顯微鏡，雖至微之物視之歷歷可數。今肆中所賣，不過晶鏡之厚者，照物略大耳。予曾見二鏡，其一以小檀木作小匣，內藏綠木板一片，方寸許，中藏一鏡，約長二分，闊分餘，又有繡花針刺芝麻一粒，照之盈大如杯，上寫五言唐詩一首，書作行楷，一筆不苟，末款雲鋒二字，不知如何寫也。其一錦匣一只，大不及寸，高約五分，內藏小冊一本，計六頁，底面以鏤花青金版為之，長闊僅三四分，紙潔白而厚，觀之約略有墨跡，而不可辨。匣底有圓鏡一面，以赤金為邊，柄大，如小紐扣。晴窗開

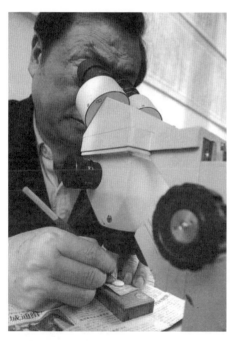

民國以後由於工具進步，微藝術進一步發展出毫芒雕，甚至要用顯微鏡才能觀賞。圖為四川微雕藝術家郭月明先生以解剖顯微鏡做微雕情形。（張鳴攝影）

冊，以鏡照之，則山川、樹木、殿宇、橋樑、人物、舟楫無不畢
具，至樹木之參差重疊，人物之顧盼相依，有畫工所不能到者，
古有鬼工，信非虛語。

從引文中可知，同治年間市上已有倍數較低的放大鏡出售，但
作者特別強調，他所看到的放大鏡與肆中出售者不同，一者「約長
二分，闊分餘」；另一者「如小紐扣」（圓形中式布紐扣），由於
曲率較大，故放大倍數較高。

本文顯示，當放大鏡尚未普遍，微藝術微細的程度以肉眼勉強
可見為度，過此將成為屠龍之技。藝匠可能將放大鏡列為機密，製
作過程絕不示人，借以眩惑世人。當放大鏡普及後，細微的程度提
高，必須借助放大鏡才能觀賞，演變到後來，就出現了附有高倍放
大鏡的微藝術組合產品。

（2008 年 10 月號）

最早的中文化學元素命名法

◎—劉廣定

西方科學從十六世紀後期、明末萬曆年間開始,由天主教士傳入中國;惟近代化學之興起在十八世紀,正逢清代雍乾禁教,故遲至中英鴉片戰爭之後,才隨列強殖民武力一同傳入。雖一直約到十九世紀末,傳教士及京師同文館教習帶來的,只是敘述性和介紹性的化學,但化學最基本的「元素」(element)觀念都是必須先說明的。

最先介紹「元素」的是英國醫師合信(Benjamin Hobson)。他在《博物新編》[1]中說:「天下之物,元質五十有六,萬類皆由之生」,其中「元質」即現已通用的「元素」。當初的名稱並不一致,除「元質」和「元素」外還有「原素」、「原質」和「原行」

---

1. 1854 年粵東惠愛醫館出版,翌年上海墨海書館重版。感謝自然科學史研究所(北京)研究員王揚宗先生告知。

等。為什麼稱為「原行」呢？這是因為中國自古即有「五行」（水、火、木、金、土）之說，與古希臘的水、氣、火、土「四元素」說法類似，明末天主教士即將「四元素」譯為「四行」，所以後來就有人譯「元素」為「原行」。

化學傳入日本比中國早，但也在十九世紀初期傳入，當時稱為「舍密」（依德文及荷蘭文 Chieme 所譯）。「蘭學家」宇田川榕庵在為其父宇田川榛齋校補《遠西醫方名物考》，以及譯述德國化學家杜隆所增補英國化學家亨利之《化學導論》（Elements of Experimental Chemistry）時，[2] 創立了日文元素命名法。在 1834 年出版的《遠西醫方名物考補遺》和 1840 年出版的《舍密開宗》書中都有化學元素的譯名。當時的譯法分四類：

一、逕用漢名，如金、銀、銅、鐵（又作銕）、錫、亞鉛（即「倭鉛」，鋅）、澒（即「水銀」，汞）等。

二、依拉丁文原義以漢字譯成，如水素（即「氫」）、酸素（即「氧」）、炭素（即「碳」）等。

三、依性質以漢字漢名譯成，如鹽素（即「氯」）、砒金（即

---

2. 杜隆（P. L. Dulong），即「杜隆－柏弟定律」之一建立者，當時日譯為「篤隆」；亨利（W. Henry），即「亨利定律」之建立者，當時日本譯名為「賢理」。

「砷」）、蒼鉛（即「鉍」）等。

　　四、以漢字音譯拉丁文或德文，如莫列貌達紐母（即「鉬」）、麻倔涅叟母（即「鎂」）、尼結爾（即「鎳」）、滿俺（即「錳」，德文為 Mangan）等。

　　由於傳統的中國字裡只有金、銀、銅、鐵、錫、鉛、汞（或作「水銀」）、硫（磺）和炭，九個可以用來表示古代已知元素的字，後加上「白金」（現名「鉑」）與「倭鉛」（現名「鋅」）等，那麼其他的元素要怎樣命名呢？合信在 1849 年出版的《天文略論》第十章「論地面有氣以養人物」中曾用「養氣」表示「氧」，「淡氣」表示「氮」，他說：「有兩樣之氣，一名養氣，養氣者所以養萬物也，一名淡氣，淡者所以分淡養氣也」。

　　《博物新編》中則又另創了「輕氣」或「水母氣」（現名「氫」）和「精錡」（現名「鋅」）。筆者曾於本刊十六卷第十期和十一期（1985 年 10 月和 11 月）介紹過《格物入門》、《化學初階》與《化學鑑原》等書中幾種早期的化學元素之中文命名。那時還不知道另有一種更早，可以說是中文裡最早的──羅存德（Wilhelm Lobscheid）《英華字典》的化學元素命名法。

　　羅存德原籍德國，1848 年到香港，在香港和廣州一帶傳播基督教義，曾著有《異端總論》、《地理新志》、《四書俚語啟蒙》等

八冊中文書，[3] 他所編著的四卷本《英華字典》（An English and Chinese Dictionary）於 1866～1869 年在香港陸續出版，內中即有其獨創之二十二種中文化學元素名[4,5]。

　　上文說過有人譯「元素」為「原行」，羅存德這一少為人知的命名法，就是從「行」為「元素」發展而成。這二十二種元素名稱都是左邊為「彳」，右邊為「丁」，中間夾另一字。另除金、銀、銅、鐵、錫、鉛、白金、白鉛（即鋅）、水銀、硫磺、信石（即砒）仍用舊名，其他金屬泛稱「金類」、「金名」等。惟鎘作「美暗金」，鎂作「嗎呢沙金」，硒又作「些哩唅行」，卻用譯音，不知為何。

元素符號	H	C	N	O	F	Na	Si	P	Cl	K	Ti
現用中名	氫	碳	氮	氧	氟	鈉	矽	磷	氯	鉀	鈦
羅存德命名	術	衕	衛	衖	衡	衠衚	衙	衏	衘	衞	衒

元素符號	V	Se	Br	Sr	Y	Zr	Te	I	W	Th	U
現用中名	釩	硒	溴	鍶	釔	鋯	碲	碘	鎢	釷	鈾
羅存德命名	衕	衏衚	衡	衍	衙	衢衖	衖	衒	衚	衕	衍

3. 熊月之，《西學東漸與晚清社會》，上海人民出版社，頁 150～151，1994 年。
4. 沈國威，〈近代英華辭典的術語創造〉，《語言接觸論集》，上海教育出版社，頁 235～257，2004 年。感謝北京友人鍾少華先生告知此文及《英華字典》。
5. M. Lackner, I. Amelang and J. Kurtz(Ed), New Terms for New Ideas, Brill, 287-304, 2001. 感謝義守大學張澔教授惠借此書。

由於「註四」引文係簡體字，又與「註五」有些出入，筆者乃查閱臺灣大學所藏的日本「藤本氏藏版」本（見圖），發現亦有歧異，現列此二十二字及兩種異體（鈉、硒、鋯）於[6]附表。

這字典可能因用粵語注音故流傳不廣。其命名法的優點是有創意，數量也比《格物入門》為多，且所用皆是《康熙字典》所無之新字。但不少只泛稱「金類」、「金名」等，並缺一些當時已常用的元素，如 boron（硼），且又不知 palladium（鈀）也是元素名，顯示這些傳教士化學知識並不充分，傳播新知只是「副業」而不夠認真！

（2009 年 3 月號）

---

6. 日本人稱羅存德為羅布存德。

中國人為何未能發現哈雷彗星？

◎──宋正海

前中科院自然科學史研究所研究員

在中國古代，受到有機論自然觀和天人感應思想的影響，認為彗星的出現是上天示警。彗星近日時，巨大的彗尾形如掃帚，橫亙天空與銀河爭輝，更引起人們的驚異和恐慌。

中國古代注重彗星觀察，紀錄異常豐富，到 1911 年為止，關於彗星近日紀錄至少有二千五百八十三次。中國人對哈雷彗星的記載，最早可上溯到殷商時代。《淮南子・兵略訓》中提到：「武王伐紂，東面而迎歲，至汜而水，至共頭而墜。彗星出，而授殷人其柄。時有彗星，柄在東方，可以掃西人也！」這是西元前 1057 年，哈雷彗星回歸的紀錄。更為確切的哈雷彗星紀錄是在西元前613年，《春秋左傳》〈魯文公十四年〉中有言：「秋，七月，有星孛入于北斗。」這是世界第一次關於哈雷彗星的確切紀錄。

西元前240年（秦始皇七年）起，哈雷彗星每次回歸，中國均有紀錄。其中最詳細的一次紀錄，是在西元前 12 年（漢元延元年）的《漢書·五行志》：

「七月辛未，有星孛于東井，踐五諸侯，出何戍北率行軒轅、太微，後日六度有餘，晨出東方。十三日，夕見西方，犯次妃、長秋、斗、填，蜂炎再貫紫宮中。大火當後，達天河，除於妃后之域。南逝度犯大角、攝提。至天市而按節徐行，炎入市，中旬而後西去，五十六日與倉龍俱伏。」

哈雷畫像，1687 年 Tomas Murray 繪。（維基百科提供）

由於中國彗星史料豐富、連續，而且較精確可靠，所以在近現代的天體探索中發揮了重要作用。照理說，這些累積的珍貴紀錄對中國人發現哈雷彗星應是十分有利的，然而事實並沒有如此發展，而是讓掌握哈雷彗星史料不多的英國人搶了先。

哈雷（E. Halley, 1656～1742）是英國天文學家也是數學家。他之

所以能發現哈雷彗星，與克卜勒行星運動三大定律和牛頓萬有引力定律密切相關。1543年，哥白尼提出革命性的日心說。在日心說基礎上，克卜勒於1609年提出行星運動第一、二定律；1619年又提出第三定律，從而推翻了古希臘同心球

1986 年 3 月 8 日於復活島所拍攝的哈雷彗星。（維基百科提供）

宇宙體系，以及本輪均輪說中，所建立的行星作勻速圓周運動圖景，又一次推動了天文學的革新。

　　1687 年牛頓《自然哲學的數學原理》問世，在克卜勒行星運動三大定律的基礎上，發現了萬有引力定律，把天上和地上的運動，第一次連繫起來，並證明是符合相同的力學法則。在這方面，哈雷也頗有貢獻。哈雷所以能發現哈雷彗星，是建立在牛頓、哈雷等人，他們共同發展行星運動定律和新太陽系圖景的基礎。儘管彗星在當時被稱為「天空中的逃犯」，它的軌道十分扁，但畢竟與行星軌道不同。發現哈雷彗星在當時的歐洲已無理論困難，只是個人機遇的問題。

　　1703 年哈雷被任命為牛津大學幾何學教授，研究彗星問題。在

Babylonian observation of Halley's comet
164 BC

Babylonian astronomical diaries recorded daily observations of the moon and planets from the 7th century onwards. The diaries for 164-163 BC contain observations of Halley's comet at its first and last visibility. This observation can be dated to about 22-28 September 164.

WA 1881-6-25,73/41462

中國三千多年前有哈雷彗星記載，相較之下西方文字史料較少，
　圖為巴比倫泥版書，記錄西元前164年的哈雷彗星。（維基百
　科提供）

牛頓的幫助下，他編纂彗星紀錄，計算它們的運行軌跡。1705 年，他發表《彗星天文學論說》，闡述了 1337～1698 年間出現的二十四顆彗星軌道。其中 1682 年出現的彗星，是他親自觀測過的，對其軌道有著深刻的印象，所以他很快發現此彗星軌道與 1531、1607 年兩顆彗星軌道極其相似，這可能是同一顆彗星在其封閉的橢圓軌道上的第三次回歸，週期約為七十五～七十六年。

在古代不管東方或西方，彗星出現均會引起人們恐慌。但潛藏在眾多一次次看來彼此孤立的彗星回歸紀錄中，彗星軌道的封閉性及其運行週期，卻不是常人能看得到或想得到的。哈雷經由自己的長期探索和努力研究，終於釐清了常人不了解的規律。這樣的發現，在哈雷以前的中國，是沒有這種科學文化基礎的。

哈雷出版《彗星天文學論說》，並且發表哈雷彗星的 1705 年，在中國是清康熙四十四年。當時中國的科學仍是傳統科學，不僅談不到行星按橢圓軌道運行的相關理論，也還談不到哥白尼的日心說。

由此可見，在哈雷發現哈雷彗星之前，中國作為主導地位的地球觀仍是地平大地觀。這與發現哈雷彗星的西方科學基礎，中間還隔著大地球形觀、日心說、行星運動三大定律和萬有引力定律幾個大的科學階段。所以，中國人沒能發現哈雷彗星。

雖然中國傳統天文學擅長週期的觀察計算，如對月亮、五星的週期運動、太陽在黃道上的週期等，計算還都十分精密，也基此制定了精密的天文曆法。但是天空中的彗星太多了，二千五百八十三顆彗星紀錄也使人眼花撩亂。人們根本沒有考慮也無法考慮它的出現是有週期性的，遑論探究彗星週期存在的努力。不了解新太陽系圖景的中國，就無法了解彗星軌道要素，也就不可能去探索其間的軌道相似性。

　　所以中國古代只把彗星的出現作為一種奇異天象，是上天示警，稱它為「孛星、妖星、星孛、異星、奇星」等，這與當時西方稱它為「天空中的逃犯」是完全不同的兩個概念。這種種原因，遂造成了這中國科學史上的最大憾事之一。

（2009 年 4 月號）

宮刑宮哪裡？

◎─張之傑

　　這篇雜文和楊龢之先生的兩篇文章有關。2006 年，楊先生應筆者之請，寫過一篇千餘字短文〈宮刑與宦官〉，在本刊 2006 年7月號本欄目刊出。同年底，楊先生將該文擴充成長文〈宦官閹割雜談〉，刊《中華科技史學會會刊》第十期（2006 年 12 月）。

　　楊先生的〈宮刑與宦官〉以及〈宦官閹割雜談〉，都將宮刑想成和清代宦官閹割一樣，因而都有這麼一段：

　　　　就技術而言，閹人比閹雞、閹豬難得多。閹割雄性禽畜只需取
　　　下「滷蛋」，問題不大；製造宦官則需連「香腸」一併去除，於
　　　是除了傷口可能感染外，至少還有兩重風險。一是這樣的手術要
　　　截斷幾條動脈，必須能有效止血；二是傷口痊癒之前無法排尿，
　　　極可能引發尿毒症。有一關過不了人命就報銷了。

　　筆者略諳解剖學，可以印證楊先生的說法，摘除睪丸，甚至切

東漢・閹牛畫像，河南方城出土，南陽漢畫館藏。術者左手持陰囊，右手持刀，作閹割狀。宮刑和宦官的「創意」，當得自動物閹割。

除整個陰囊，都遠比切除陰莖簡單。陰囊左右各有一條精索，由輸精管、動脈、靜脈等構成，只要紮住精索，就可以止血；至於防止發炎，古時有不錯的刀創藥。然而，切除陰莖就非同小可。

陰莖的供血，主要來自陰部內動脈，進入陰莖，分枝成海綿體動脈、陰莖背動脈及尿道球動脈，各有兩條。割斷陰莖，將割斷六條動脈！動脈血的壓力大，一旦割斷，血液會噴射而出，不易止血，這是動脈通常位於組織深層的原因。以陰莖來說，表層上所見的血管都是靜脈。

尿道貫穿陰莖，因而割斷陰莖，不能以結紮的方式止血——紮

得鬆無濟於事，紮得緊豈不將尿道封死！再說，清代宦官閹割是將陰莖齊根切除，這從清末所拍攝的宦官下體照片可以證明。古時沒有止血鉗等外科器械，即便結紮也無從著力。

　　清代專司宦官閹割者只有兩家——南長街會計司衚衕的畢家（畢五）及地安門外方磚衚衕的劉家（小刀劉）。兩家的閹割技術皆為家傳，其施術細節以及用藥配方等等，恐怕永遠成謎了。

　　根據楊先生大文，太平天國曾閹割三千幼童，無一存活。然而，秦始皇曾發宮刑、徒刑者七十萬人建阿房宮。宮刑是古時的五刑（黥、劓、剕、宮、大辟）之一，周、秦時盛行，秦法嚴厲，動輒遭到宮刑，如果像清代宦官閹割般割除陰莖，哪會有那麼多人存活？再說，漢文帝廢除黥、劓、剕、宮等肉刑，到了景帝，下令「死罪欲腐者許之」，於是宮刑成為死刑的替代刑，可見宮刑不會致死。

　　因而筆者推論，古時的宮刑可能像閹割動物般，只摘除睪丸或切除陰囊；古時的宦官閹割，也未必都如同清代。筆者有此推論，但文獻無徵，問題一直擱在心中。

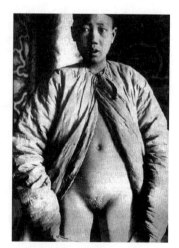

十九世紀末法國醫生 J.J. Matignon 所攝小宦官，1896 年於其著述 *La Chine Hermétique* 發表，顯示清代宦官陰囊、陰莖具已割除。（日文版維基百科提供）

漢陽陵出土大量陶俑，圖為男俑（左）、女俑（中）和宦者俑（右），從生殖器及體貌可以區分。陽陵陶俑裝有可活動的木製手臂，已腐朽，陶俑所穿的衣服也腐朽無存。（朱建民攝影）

今年春假期間，有幸受邀訪西安，參加祭黃陵活動，4月5日回程那天上午，參觀位於機場附近的漢陽陵（漢景帝墓）博物館。這是座建於地下的遺址博物館，2006年開幕，展廳分上下兩層，文物和遊客完全用玻璃隔開，設備十分先進。

我們先參觀上層，透過腳下的玻璃，觀看一座座陪葬坑。陽陵共有八十一座陪葬坑，展廳建在封土東北的十座陪葬坑上。身穿漢代長衣的女解說員指著腳下的一座陪葬坑說，裡面的陶俑是宦者俑，我馬上想起楊先生的那篇文章和自己的推論，由於光線幽暗，又有段距離，看不清楚。我問解說員，怎麼知道是宦者俑？她面無表情地說：「看性徵。」

來到展廳下層，視線與陪葬坑平齊，但仍看不清陶俑的細部，或許解說員看出我對宦者俑有興趣，帶著我們來到一座櫥窗，指著四尊裸體陶俑說：「兩邊的是宦者俑。」陽陵陶俑約實體三分之一大小，衣著已腐朽無存，我仔細打量，中間兩尊是女俑，兩邊的宦

者俑都沒有陰囊，但有短小的陰莖。既然為了防閑而閹割的宦官都沒切除陰莖，僅屬刑罰的宮刑更沒必要，前後一關聯，先前的推論應當是正確的。

看了那兩尊宦者俑，幾乎已可確定，當時宦官並不割除陰莖。相較於陽陵出土的男俑，那兩尊宦者俑的陰莖特別小，可能是幼時即已閹割，影響發育所致。幼時閹割，成長後不論生理或心理都不會對女性產生慾望，這是歷來宦官多取幼童閹割的原因。

中國的宦官要到什麼時候才割除陰莖？楊先生大文提到，明末宦官、宮女有十萬之眾，其中宦官占大多數；另據楊先生告知，各王府也有宦官，總數難以估計。我們不禁要問：如果像清代宦官閹割般割除陰莖，哪來那麼多畢五、小刀劉般的閹割專家？但據信修明《老太監的回憶》一書，清宮宦官不超過三千六百人，說不定因為清代宦官人數少，專擅此術的才只剩下兩家。

楊先生那篇大文的結尾說：「所得多僅是轉述的二手資料，難為論據的憑依。因此本文就只能草成一般論述，或許永遠沒機會發展成嚴謹的學術論著了。」同理，筆者一時也寫不成論文，就假本欄目掛個號吧。

（2009 年 5 月號）

中國現代化被忽視的一頁：
基隆－新竹鐵路

◎─劉廣定

最早在鐵軌上行車交通為英國人特里維西克（Trevithick）於1808 年首創，但當時是用馬來拖曳車廂，到了 1814 年史蒂文生（Stephenson）才發明蒸汽機關車，1825 年正式建成第一條火車行駛的鐵路。因其能利於運輸，其他各國紛紛學習引進，英法聯軍第一次入侵北京的時候，西方列強為擴充在華的勢力，乃以便利運輸交通為名，企圖說服滿清政府同意在中國境內由列強協助修建鐵路，而獲得進一步控制中國之實。

幸有識者擔心中國門戶洞開，權益嚴重受損；而保守者以鐵路有礙風水地脈及民眾生計，又破壞民間田產，都力加拒絕。1865 年（清同治四年）英商杜蘭德擅在北京城外偷修一小段約一公里長的鐵路，上駛小火車，據說導致「京師人詫所未聞，駭為怪物，舉國

若狂，幾致大變，旋經步軍統領衙門飭令拆卸。」（見：李岳瑞《春冰室野乘》卷下）

1876 年（光緒二年），英人又假藉修建車路為名，暗地在上海吳淞間鋪設鐵軌，欲以既成事實，強迫中國政府同意，一方面交涉，一方面逕自從 7 月起開始營業。但一個月後，火車輾死一中國人，民情大憤，上海道台馮焌光乃照會英國領事麥華陀，令即停工，並鼓動兵勇、百姓示威抗爭。英方自知理屈，願將鐵路交由中國贖回，唯乘機敲詐，謊報資本，白白多賺了中國十五萬兩白銀。第二年9月贖款付清後，兩江總督沈葆楨即下令將鐵路拆除，運往臺灣。

有關此一事件，解讀不一。筆者認為當時李鴻章為直隸總督，督辦北洋海防，沈葆楨為兩江總督，督辦南洋大臣，且曾任船政大臣，兩人皆知現代化的重要。馮焌光曾入李鴻章幕，也曾任江南製造局總辦，故反對淞滬鐵路應是強調原則，以國家體面為重，且儆效尤。沈葆楨決定拆除，固嫌迂腐，然該年初福建巡撫丁日昌（李鴻章的部屬）已奏請將拆卸淞滬鐵路材料運往臺灣，改建臺南至恆春間鐵路。

由於沈葆楨 1874 年任巡臺御史時，日寇曾偷襲琅嶠蕃社，幸賴李鴻章派遣淮軍槍砲支援，方得退敵。可能他已洞悉南臺灣對中國

國防之重要，在南臺灣建設鐵路比吳淞上海鐵路更重要，故做此決定。惜建造鐵路，籌款不易，1878 年鐵路材料運到時，丁日昌已因病離職，只好閒置海灘，任其腐壞。

　　中國第一條正式啟用的鐵路是為開平煤礦運煤專用，從唐山到胥各莊長十公里的「唐胥鐵路」。由李鴻章所主辦，於 1881 年（光緒七年）築成，並在西曆 6 月 9 日，史蒂文生百歲誕辰日通車。負責的英國工程師金達（C.W. Kinder）採用了英國的標準軌距四呎八吋半，是所謂寬軌，也是日後大多數中國鐵路所使用的尺寸，並且督導中國工匠製成「中國火箭號」的蒸汽機關車。（因當時避免保守的民眾和大臣反對，謊稱乃用騾馬牽拖，故不能從外國進口蒸汽機關車）次年，鐵道延長到蘆台，1887 年再延到天津，全長一百三十公里，為運煤載客兩用的第一條中國鐵路。

　　1884 年中法戰起，1886 年（光緒十二年）臺灣建省，首任巡撫劉銘傳奏准於 1887 年開始以兵勇興建鐵路。第一段位於基隆－臺北（大稻埕）間，全長二十八‧六公里，1891 年（光緒十七年）10 月修成通車，用三呎六吋窄軌，係載客攜貨專用，其第一輛機關車名「騰雲」。但劉銘傳隨後去職，繼任巡撫邵友濂於 1893 年（光緒十九年正月）完成自臺北（大稻埕）經桃園，中壢而達新竹的基隆－新竹鐵路（全長 106.7 公里）後，奏請停工而未再繼續。

停止續建的一個原因是乘客不夠多，收入不敷成本，據《臺灣通史》〈郵傳志〉記載，這是因為：「民用未慣，物產未盛，而基隆河之水尚深，舟運較廉，鐵道未足與競。」「平均一日之客，臺北、基隆五百人，臺北新竹四百人……每月搭客一萬六千圓，貨物四千圓、收支不足相償。」開始時每天六班車，後減為四班，但每逢大稻埕致祭城隍之日加班。除夕、正月初一、十五、端午、中秋等節日都停駛。設有十六處車

鑿通獅球嶺隧道為臺北－基隆舊鐵路最大的難題，該路段也是臺灣第一條鐵路隧道，建於劉銘傳主政臺灣期間。圖中即為當年的獅球嶺隧道，上題「曠宇天開」四字。如今已不再供鐵路使用，成為供人參觀的三級古蹟。

站，但「途中遇車，隨時可以搭乘，故時刻不定」，雖效率欠佳，但相當便民。1895 年（乙未年）滿清正式割讓臺灣，日軍登陸，反抗侵略者的義胞曾拆毀鐵道枕木，阻止日人南下，經修復才又通車。

　　基隆－新竹間的鐵路雖不是中國的第一條鐵路，但為中國第一條專為客運建造的鐵路，而工程之困難度遠超過華北平原上的唐山－天津線。基隆－臺北間除橋梁二十餘座外，其中跨淡水河橋長近

臺北－新竹舊鐵路資料照片。原在龜山附近，現已拆除。（取自《臺灣鐵道史》）

半公里，更困難的是須在「獅球嶺」開鑿長二百多公尺的隧道。臺北－新竹間溪流亦多，《臺灣通史》記載全線（基隆－新竹）共大小橋梁七十

四座，且丘陵起伏，難度甚高。雖然 James W. Davidson 在 Island of Formosa（1903 年）一書中多有批評訕笑，但大部分工程都由中國人自力完成，例如淡水河橋即由廣東人張家德設計築成。

　　臺灣最早的基隆－新竹段鐵路建設是十九世紀後期，中國走向近代化之一重要成果，惜常遭忽視或曲解，謹草此短文，以供讀者參考。

（2009 年 8 月號）

番薯的故事

◎─曾雄生

有人說因臺灣島形似番薯,故臺灣人自稱番薯仔,著名的考古人類學家張光直先生就將自己早年生活的自述叫做《番薯人的故事》。不過也有人說,「番薯仔」是數百年前移民到臺灣的漢人對自己的戲稱。數百年前,以當時的地理和地圖知識,對於大多數移民到臺灣的漢人來說,也許並不知道臺灣島形似番薯,那麼何以自稱「番薯仔」呢?這可能與臺灣人的主食番薯有關。

番薯之所以稱「番」,是因為它是舶來品。番薯的老家在美洲,墨西哥以及從哥倫比亞、厄瓜多爾到祕魯一帶是它的出生地。哥倫布發現新大陸後,於 1493 年帶回登陸歐洲的第一批番薯,並把它獻給了西班牙女王。十六世紀中期後,番薯在西班牙廣泛種植,後來西班牙水手又把它帶到了菲律賓,再由菲律賓傳至亞洲各地。

番薯傳入中國大陸,並非一時一地,但大致估算的時間都是在明代萬曆年間,也就是 1573～1619 年,地點則是在廣東和福建沿海

一帶。閩粵先民原本對於薯芋等塊根作物就不陌生，他們在栽培穀類作物之前，就已經通過無性繁殖的方式栽培塊根、塊莖類作物。即便是在種植穀物之後的幾千年，薯芋仍然是當地人重要的的食物來源。

曾經流放到海南島的宋代大文豪蘇東坡，就提到當地所產稻米「不足於食，乃以薯芋雜米作粥糜以取飽」。他還有一首〈和陶詩〉提到了「紅薯與紫芋」，不過這首詩也引起了一些誤會，因為番薯在引進中國後，有些地方也稱為「紅薯」，因此，有學者認為蘇東坡吃的就是番薯，把番薯引種到中國的年代一下往前推了幾百年。實際上蘇東坡所說的紅薯和紫芋，是指在植物學分類上屬於薯蕷科的山芋，而後來引進的番薯屬於旋花科，宋代肯定是沒有旋花科的番薯。

關於番薯在中國的引種，有三個不同版本的故事，故事的主人翁分別是廣東東莞人陳益、廣東吳川人林懷蘭和福建長樂人陳振龍。他們分別在今越南（古稱安南和交趾）、菲律賓呂宋島等地經商行醫，在當地接觸到這種作物，發現了它蘊含的價值，而當時這些國家都嚴禁把薯種傳入中國，於是他們設法取得了薯種，並帶回了中國，從此番薯便在中國的土地上紮下了根。

細數番薯在中國的推廣，陳振龍及其子孫功不可沒。從十六世

紀末到十八世紀後期，在近兩百年的時間裡，陳氏子孫拿著祖先傳下來的薯藤和推廣招貼等，行走於大江南北、黃河內外，把番薯從家鄉福州近郊的紗帽池旁的空地，種到了京師齊化門外（今北京朝陽門外）。

在這漫長的過程中，他們也得到了地方官員和有識之士的支持。福建巡撫金學曾就以番薯為題，專門寫了《海外新傳七則》，下令全省推廣，也因此番薯又被稱為「金薯」。1608 年，在家鄉上海松江為父守孝的徐光啟，曾託友人自福建莆田「三致其種」，而後在江蘇試種成功，並作《甘薯疏》，力陳番薯的優點，介紹藏種和栽培方法。1749 年，山東布政使李渭親自撰寫《種植紅薯法則十二條》。1768 年，陳世元將推廣番薯過程中形成的文

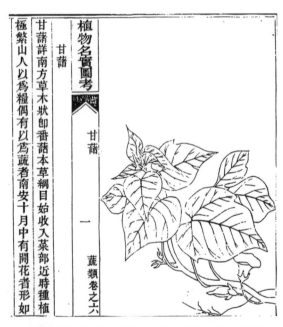

清・吳其濬著《植物名實圖考》的甘薯條。從內容可知，《本草綱目》已有收錄，可知傳入中國可上推至明代。

字檔案結集，編成《金薯傳習錄》一書。

　　番薯推廣的成功，除了陳氏祖孫的努力和有識之士的支持之外，也與番薯自身的特點有關。徐光啟將番薯的優點歸納為「十三勝」，指出它具有高產益人、色白味甘、繁殖快速、防災救饑、可充籩實、可以釀酒、可以久藏、可作餅餌、生熟可食、不妨農功、可避蝗蟲等優點。這些優點正符合明清時期，中國人口增長和農業發展的需要，是這一作物得以廣泛種植的主要原因。

　　目前中國大陸的番薯種植面積以及總產量均占世界首位，全世界一年種植番薯的面積總達二‧二億畝，而中國就占了一‧七億畝，面積和產量都占世界七成以上。廣泛的栽培也從番薯多樣性的稱呼上得到佐證，番薯又名甘薯、山芋、朱薯、紅山藥、番薯蕷、金薯、番茹、紅薯、白薯、土瓜、紅苕、地瓜等，可看出因為分布到眾多地方，而得到許多不同的別名。

　　臺灣是最早引種番薯的地區之一，可能是由福建、廣東的漢人帶入，也可能是臺灣的原住民直接從海外引種。1603 年，陳第撰寫的《東番記》裡面首次提到了臺灣的番薯。1661 年鄭成功大軍攻臺時，曾因糧食不足而向民間徵集番薯，充作軍糧，可見當時番薯已在臺灣落地生根。

　　1757 年，陳雲將番薯種到了京師齊化門外，從此在北京的小吃

中又多了一道風物——烤白薯。賣薯者推著經過改裝的平板車或三輪車，支著一隻大圓桶，穿行在大街小巷，是舊時北京秋冬一景。「唉，烤白薯，熱乎」的叫賣聲，伴隨著香氣，飄滿街巷，勾引起行人的食慾。1946 年，吃著烤白薯長大的張光直，從北京去了臺灣。約一個花甲之後，北京市面上賣烤白薯的小販日見稀少，取而代之的是由店鋪銷售的「地瓜坊」，店面上寫著醒目的招牌——來自臺灣的美

不管跑遍大南北或取了什麼名，熱騰騰的烤番薯都一樣受歡迎。圖為北京街口的烤白薯攤販。（習哈吉攝影）

味。番薯仔將「烤地瓜」賣回了北京，讓人不得不感慨，番薯藤牽著的時空轉換。

（2009 年 9 月號）

白獅犬與達戈紋

◎─楊龢之

談起臺灣犬，一般的直接反應是那種舌有黑斑、身材流暢、動作俐落、體型中等，一身黑、黃或虎斑色的短毛狗。牠曾經因為不受國人重視而差點絕種，由奇貨可居到如今滿街都是。臺灣土狗的興衰過程，反映了一個家畜品種在社會急速變遷過程中的遭遇，但那不是本文的重點，這裡想談的是另一種也產於臺灣，甚至連四百年前的歐洲人都知道，如今卻早就無影無蹤的犬種。

據康熙五十六年（1717 年）纂成的《諸羅縣志》說：「樸仔籬、烏牛難等社有異種之狗，狗類西洋，不大而色白；毛細軟如綿，長二、三寸。番拔其毛染以茜草，合而成線，雜織領袖衣帶間；相間成文，朱殷奪目。」樸仔籬、烏牛難等社，屬平埔的拍宰海族（Pazeh），住在今豐原市附近。《諸羅縣志》還說因毛質絕佳，所以那幾個社的狗都被剃得光禿禿的。

不只是《諸羅縣志》這麼講，康熙六十一年（1722 年）巡臺御

史黃叔璥在《臺海使槎錄》中也說，「北路諸番」中的南投、北投、貓羅、半線、柴仔阬、水里等社，「用白獅犬毛作線織如帶，寬二寸餘，嵌以米珠。飲酒嫁娶時戴之。」這幾個社的原住民屬洪雅族（Hoanya），主要活動區域在今彰化市及芬園、草屯、斗六以及南投縣部分地區。洪雅族和拍宰海族比鄰而居，因此這「白獅犬」和《諸羅縣志》的「異種之狗」應是同一品種。

　　原住民用狗毛織布，更早就有人講過了。康熙三十六年（1696年），福州府一位師爺郁永河來臺採硫，所著《稗海記遊》說：「冬寒以番毯為單衣，毯緝樹皮雜犬毛為之。」另一著作《番境補遺》則說水沙廉原住民：「善織罽毯，染五色狗毛雜樹皮為之，陸離如錯錦，質亦細密；四方人多欲購之，常不可得。」要是沒有優質的狗毛，絕不可能織成讓人印象如此深刻的「番毯」。水沙廉在今日月潭附近，族群為邵族，是洪雅族的近鄰，所以應該也擁有白獅犬。

　　《諸羅縣志》既然說這種狗「類西洋」，那會不會是荷蘭人帶來的呢？不可能，因為在荷蘭人抵達這個島的時候，就已經對原住民的狗毛紡織品印象深刻了。1627 年，第一個來臺的傳教士甘治士（Georgius Candidius）寫下了他對土著的觀察：「每個指頭都戴一個戒指，為了使戒指不掉下來，就用狗毛做的紅線綁著。……禮物還

日據時臺中州原住民織布情形，所使用的原料已為棉、麻，而非傳統的狗
毛與樹皮纖維。

包括四、五條粗麻做的腰帶，十一、二件狗毛衣（稱做 ethatao），
⋯⋯一大攥狗毛（稱做 ayam mamiang），很珍惜。稻草和狗毛的頭
飾，像精製的主教冠。」

　　即使到了荷蘭統治即將結束的時候，末任的臺灣長官揆一（Fre-
derik Coyett），他也如此說原住民：「最好的衣服是用狗毛做的，這

正如歐洲蓄羊剪牠們的毛一樣。……他們也用這種狗毛結成帶子，用以代替金銀花邊裝飾他們的衣服。」

這些記載顯示一個事實，狗毛不但能紡紗織布，而且還能染成亮眼的顏色，這絕不是目前習見的毛質又短又硬、顏色非黑即黃的臺灣土狗所能勝任，只有傳說中「白獅犬」的毛才可能辦到。

中國人對這種狗毛織品的最早記述是前引的《裨海記遊》，《諸羅縣志》繼之。乾隆中葉以後則普遍出現「達戈紋」和「卓戈文」兩個名詞，一般都認為前者精緻珍貴，後者只是粗用的「巾布」而已。不少文人為此大打筆仗，而對懂得閩南話的人來說根本不是個問題，「達」和「卓」語音接近，都是從原住民話音譯而來的，比如奧巴馬或歐巴馬，當然不是兩個人。

兩個名詞的爭議，顯示原住民織物已經變調，分化成精緻工藝品和不起眼的紡織物兩途。更進一步審視各項記載內容，可以發現最早提到這東西的，都說其原料是樹皮和狗毛，接著苧麻取代了樹皮，最後則是連狗毛也消失了，原料變成棉和麻，結果是工藝品被稱為達戈紋，實用品則叫做卓戈文。

想要找到織造傳統達戈紋所用的樹皮不難，今天在臺灣仍極其普遍的構樹就是，其樹皮堅韌柔軟，毫無疑問可拿來織布，但等到質料更佳、處裡更省事的苧麻一引進之後，立刻就被淘汰出局。

日據時台南州盛裝的原住民頭目，身穿達戈紋，頭戴熊皮帽，
上插帝雉、山雞、老鷹尾羽。

狗毛也一樣，不管白獅犬再怎麼高明，狗每年就換那麼一次毛，從經濟效益角度看，是不能和棉花相比的，因而繼樹皮之後也走入了歷史。於是原住民的織物雖然還是叫達戈紋，但所用的原料完全變了樣。

這一改變的後果是，構樹還是滿山生長，甚至沒有人來剝皮，日子還過得更好些，可是白獅犬的命運可就不妙了。漢人大量來臺不只帶來像麻、棉之類的新東西，也引進了各式各樣的狗種。狗兒不講究什麼「夷夏之防」，又因為不再是主要紡織原料，就算不被淘汰，主人也不會

刻意維持純種。就這樣，乾隆以後的記載，就不再見到這種長毛狗了。

同樣是土產的狗種，今天到處充斥的臺灣土狗雖然也曾經幾乎滅絕，但引起重視後很快就恢復盛況。而早在四百年前就被洋人注意的白獅犬後來卻消失無蹤，甚至已經沒幾個人知道臺灣曾有過這種特殊的狗兒。這雖是因為開發因素而然，但同樣是狗，狗命卻大不相同，奈何！

（2009 年 10 月號）

美術史料中的細犬

◎─張之傑

《西遊記》第六回，孫悟空遭「七聖」圍剿，老君從天上擲下金剛鐲，打中悟空的頭部，一個立足不穩，被二郎神的「細犬」趕上，「照腿肚子上一口，又扯了一跌」，這才被擒。細犬是什麼狗？這個困擾我幾十年的問題，直到最近幾年才弄明白。

約三年前，偶然在電視上看到關中地區秋後「攆兔子」，也就是農閒時用狗追捕兔子的活動。對照畫面，農民大爺口中的「細狗」，不就是原產埃及的灰獵犬（greyhound，或譯作格雷伊獵犬）嗎？

筆者一向主張，名物如有古稱，應盡量遵循之，「細犬」這個稱謂極其形象，較灰獵犬或格雷伊獵犬不知好上多少倍！細犬的飼育歷史約五千年，可說是最古老的獵犬。現有很多品種，但形態基本一致：體呈流線形，嘴巴尖突，腰特別細，腿長而有力。細犬是狗中跑得最快的，約可達每小時六十公里，適合追捕黃羊（瞪

羚）、鹿等奔跑竄逃快速的獵物。

　　從 1996 年起，筆者放棄業餘探索多年的民間宗教、民間文學和西藏文學，獨沽科學史，至今發表論文約三十篇，其中近半數和科學史與美術史的會通有關。美術（繪畫、雕塑、工藝等）的史料價值，往往非文字史料所能及，有時文字史料闕如，美術史料卻留下鮮活事證。以下按照時代，由近而遠，就記憶所及和手邊所能掌握的細犬美術史料寫篇雜文吧。

　　郎世寧曾為乾隆皇帝繪「十駿犬」，現藏臺北故宮博物院，圖中除了一隻藏獒，其餘都是細犬。波希米亞籍宮廷畫家艾啟蒙，也畫過「十駿犬」，現藏北京故宮博物院，全部都是細犬，可見乾隆皇帝對細犬的偏愛。清代的皇家獵場──木蘭圍場，位於中國大陸河北東北部（原屬熱河）的壩上草原，在開展的草原行獵，自以奔跑迅速的細犬最為適宜。

　　明宣宗是宋徽宗之外另一位擅長丹青的畫家皇帝，他的〈萱花雙犬〉，藏美國哈佛大學沙可樂博物館，所畫的兩隻細犬，耳毛及尾毛長而披散，可確定是原產中東的薩魯奇細犬（saluki）。楊龢之先生認為，元、明文獻中的「鷹背犬」，就是這種細犬。明朝永樂、宣德年間，中國和西亞交流頻繁，經由進貢或其他途徑，宮苑中有薩魯奇細犬不足為奇。

明宣宗〈萱花雙犬圖〉，從披散的耳毛和尾巴，可確定是原產中東的薩魯奇細犬。永樂、宣德朝中外交通頻繁，圖中兩犬極可能是貢品。

　　在元代繪畫中，首先想到的是劉貫道的〈元世祖出獵圖〉，現藏臺北故宮博物院。此圖繪元世祖忽必烈及其侍從出獵情景，元世祖著紅衣披白裘，隨從九人，有人架鷹，有人馬背上馱著獵豹，地上有隻細犬，黃沙浩瀚，朔漠無垠，這樣的環境正是細犬和獵豹一展捕獵身手的場所。

　　宋代院畫家李迪，原為宣和朝畫師，宋室南遷，逃到南方復

職。李迪長於寫生，擅繪花鳥動物，所作〈獵犬圖〉現藏北京故宮博物院，畫幅只有一隻細犬，其耳毛、尾毛較長，大概是隻薩魯奇細犬，但血統似乎不純。

臺北故宮博物院藏有五代後唐畫家胡所繪的〈回獵圖〉。

郎世寧〈竹蔭西㹫圖〉局部，顯示細犬吻突、腰細、腿長等特徵。細犬，文人稱㹫或㹫猲，既稱西㹫，應為貢品。

胡是范陽人，或謂契丹人，擅繪北方游牧民族事物。圖中繪有三位契丹騎士，其中兩人用胸兜懷抱細犬，另一人的馬背後方趴著一隻細犬，描繪精細，毫髮不失。從耳毛和尾毛來看，可能都是薩魯奇細犬，這是筆者所知中國留存年代最早的薩魯奇細犬史料。

騎士抱狗的畫面，也出現在唐朝章懷太子墓壁畫〈狩獵出行圖〉。章懷太子（李賢）是武則天的次子，被武氏賜死。唐室重光，朝廷為之造墓，陪葬乾陵（唐高宗與武氏合葬之墓）。〈狩獵出行圖〉繪騎士數十人，前呼後擁，其中數人懷抱細犬，數人架

鷹，馬背上還出現獵豹、沙漠猞猁（獰貓）等助獵動物，是研究唐代中外交通史和狩獵史的重要史料。

唐代繪畫傳世不多，魏晉南北朝更為稀少，唐代以前有細犬的紀錄嗎？當然有。前環保署長張隆盛先生雅好收集古代犬俑，輯有《中國古犬》一書，舍下剛好有這本書，從頭翻閱一遍，發現內有漢代奔跑細犬俑一尊、六朝俯臥細犬俑兩尊、唐代蹲坐細犬俑一尊、元代蹲坐細犬俑一尊、明代蹲坐細犬俑一尊、清代蹲坐細犬俑兩尊。

從漢代奔跑細犬俑，我想起漢畫，案頭有部《中國漢畫圖典》，就仔細找找吧。不但找

唐・彩繪細犬俑，為陪葬明器，形象唯妙唯肖，細犬特徵無不畢現。引自張隆盛先生輯《中國古犬》。

到，還不少呢！漢畫大多取自民間墓葬，可見遠在漢代，細犬在華北已相當普遍，才會留下不少紀錄。

根據《禮記注疏・少儀》，古人將狗分為守犬、田犬、食犬三類；《周禮注疏・犬人》將守犬稱為吠犬；直到明代，李時珍仍採這種分類：「田犬長喙善獵，吠犬短喙善守，食犬體肥供膳。」所謂「長喙善獵」，顯然是指細犬。

先秦的田犬是否就是細犬？筆者直覺地認為，應該就是。根據何炳棣先生名著《黃土與中國農業的起源》，黃河流域自古乾旱，生物相以草原為主，在這樣的環境狩獵，當然以細犬最為適合。

不過筆者的直覺缺乏直接證據佐證，岩畫或青銅器鑲嵌紋上雖繪有獵犬，但繪製粗枝大葉，不易分辨品種。這個問題還須搜集更多史料，才能得出答案。

（2009 年 11 月號）

從孔子不得其醬不食說起

◎—張之傑

《論語・鄉黨》謂孔子「不得其醬不食」。夫子怎麼這麼挑剔?從飲饌史的角度觀察,才能明白其真義。

中國上古的炊具,主要有鼎、鬲、釜和甑、甗(音演)。鼎、鬲和釜都是煮器,鼎具有實心的三足,是個深腹罐子;鬲的形狀像鼎,但三足中空;鼎和鬲都可用柴火在足底下加熱,或安放在火塘上加熱。大約春秋戰國,隨著爐灶的發展,釜取代了有足的鼎和鬲,釜的特徵是廣口、深腹、圓底,相當於現今的鍋。甑和甗是蒸器,甑相當於現今的蒸籠;甑和鬲、釜配套,形成甗,其下部的鬲、釜用來煮水,上部的甑用來盛放食品,中間置箅,蒸汽通過箅孔,將甑內的食物蒸熟。

鼎、鬲、釜和甑、甗全都始自新石器時代,至少使用到春秋戰國(甚至秦漢),這段期間烹飪手段主要是蒸和煮,其次是烤。以蒸和煮來說,先秦沒有豆醬、麵醬和醬油,以「煮」烹調,滋味溶

入水中，越煮滋味越淡；以「蒸」烹調，可保持食品原味；以「烤」烹調，蛋白質與脂質受熱，會產生香氣。這就是先秦的宴席菜以蒸與炙最為常見的原因。

至於庶民的飲食，應當以煮和蒸為主。如有適當的調味料，清蒸和白煮也頗能入味，但孔子時代的調味料主要是鹽、酒、醋、梅、蔥、韭、蒜、薑、芥、桂皮、花椒等，只憑這些調味料是達不到提味添香效果的，是以醬料就格外重要了。

在先秦古書上，醬是個通稱，《周禮·膳夫》：「凡王之饋食用六穀，膳用六牲，飲用六清，羞用百二十品，珍用八物，醬用百有二十甕。」疏：「醬謂醢、醯也，王舉則醢人共醢六十甕，以五齏、七醢、七菹、三臡實之。」可見醬泛指各種發酵食品──齏（音基，細切泡菜）、菹（音居，醃菜）、醢（音海，肉醬）、臡（音泥，肉骨醬）、醯（音西，醋）之類；也有直接稱醬的，如芥醬、卵醬（魚子醬）。醢人是王室負責製「醬」的官吏，可見古人對醬多麼重視。

在各種「醬」中，醢是把生肉剁碎，拌上鹽、酒麴、生薑、桂皮等，再加上酒，密封而成，並非現今的肉醬。古時酒的濃度不高，用來浸漬生的碎肉，多少都會發酵。食物發酵後會產生特殊的氣味，對於以煮和蒸為主要烹飪手段的古代飲食，更具有其添香、

加味的意義。

　　筆者查閱中研院漢籍電子文獻，在「十三經」中查到的醬，除了芥醬、卵醬和五齏——菖本（菖蒲根）齏、脾析（牛百葉）齏、蜃（大蛤）齏、豚拍（豬肋）齏、深蒲（蒲芽）齏，七菹——韭菹、菁（蔓菁）菹、茆（白茅）菹、葵葉菹、芹菹、治（竹頭，箭竹筍）菹、筍菹，七醢——醓醢（醓音坦，帶汁肉醬）、蠃醢（蠃音裸，疑似螺醬）、蠯醢（蠯音皮，蛤醬）、蚳醢（蚳音池，蟻卵醬）、魚醢、兔醢、鴈醢，三臡——鹿臡、麋臡、麇臡，還查到雞醢、蝸醢、蜃醢、蜱醢（蜱音皮，螵蛸醬）。筆者沒查到馬醢、牛醢、羊醢、犬醢和豕醢，或許尋常家畜製的醢不足以供王后世子之膳（或祭）吧？

　　各色各樣的醬，和各種食物相搭配，久而久之就約定成習，甚至形成一種「禮」，隨意搭配非但不合味，也顯得粗野不文，這或許就是「不得其醬不食」的真義。舉例來說，古人吃魚膾一定沾芥醬；膾指細切的肉絲、魚絲，加上調味料生食。魚膾羶腥，要用芥醬調伏，這和日式生魚片如出一轍。

　　關於菜餚和醬的搭配，先秦古書多有記載，如《禮記・內則》：「食蝸醢而食雉羹；麥食，脯羹、雞羹；析稌，犬羹、兔羹，和糝不蓼。濡豚，包苦實蓼；濡雞，醢醬實蓼；濡魚，卵醬實

鬲是三足中空的煮器，圖為新石器時代陶鬲。

鼎是三足支撐的煮器，圖為商前期青銅鼎。

甗是甑和鬲配套、或甑和釜配套所形成的蒸器。

漢代的青銅甗，已和現今的蒸鍋相似。

蓼；濡鱉，醢醬實蓼。股脩，蚳醢；脯羹，兔醢；麋膚，魚醢；魚膾，芥醬；麋腥，醢醬、桃諸、梅諸、卵鹽。」這段話斷句不易，而且難解，但仍不難看出其大意：如食雞羹配蝸醢，食魚配卵醬，乾脯配蚳醢，脯羹配兔醢，魚膾用芥醬等。又如《儀禮·公食大夫禮》，記載士大夫赴宴時的禮節、坐次、上菜次第、菜餚擺設等，從中也可看出薑、菹、醢、醯、芥醬等與菜餚依一定關係設置，因為文字古奧，斷句不易，這裡就不引錄了。王室如此，卿、大夫及士人也應該如此，孔子不得其醬不食，在禮制上是有其深意的。

關於「不得其醬不食」的注解，漢儒馬融注：「食魚膾非芥醬不食」（吃生魚片沒有芥末就不吃），朱注亦因襲其說。把「醬」字侷限為芥醬，顯然誤解其意義了。

各色各樣的醬，除了作為醬料，還可以作為調味料。《左傳·昭公》：「水火醯醢鹽梅，以烹魚肉。」說明當時烹調魚肉要用到醯（醋）、醢（肉醬）、鹽和梅。梅是古代重要的作料，如今日本人還用，中國早就不用了。從生食魚肉、清淡寡味、多用醬料、以梅賦味等來看，古時的中國菜似乎更像日本料理呢！

大約到了漢代，出現了豆醬和麵醬，緊接著，魏晉南北朝又出現了醬油，於是先秦時期的各種「醬」開始退潮。醬油不但可以加味、添香，還可以增色，是中國菜最重要的調味料，甚至可說是中

國菜的標誌。豆醬、麵醬和醬油將先秦時期的各種醬推入歷史，打開中國飲饌史的新頁。

（2010 年 5 月號）

以古觀今
——歷史上的冷暖期變遷

◎—劉昭民

近年來，由於全球暖化現象日益嚴重，全世界各地不但年平均溫不斷地升高，高山地帶的冰川不斷地退縮，北極圈的冰帽不斷地溶解，連南極的冰山也漂移到離澳洲和紐西蘭不遠的地方。另外極端天氣也頻頻出現，例如超猛的卡崔納颶風摧毀了美國德州南部，損失高達一千億美元以上；前年春天，中國大陸華東、華中、華南出現空前的大雪災，亦損失數百億美元以上；去年臺灣中南部山區也曾出現「八八豪雨」，連續三天的雨量即高達三千毫米，等於臺灣一年的年雨量在短短三天就下完了，造成空前損失。

全球暖化和氣候變遷問題於是引起全球人類的憂慮，大家也開始進行減碳行動，我國熱心人士也有拍攝《±2℃》影片，警告人們，若不趕快進行減碳行動，當全球年平均溫再增加 2℃，則世上將

有一百處接近海平面的地方將被上升的海水淹沒，包括觀光勝地的馬爾地夫跟大溪地，可見氣候變遷問題已不容吾人忽視。藉此機會，讓我們來回顧中國五千年來的暖期和冷期變遷情形，從古代氣候變遷造成的問題，來進一步認識明日可能遭逢的困境。

　　許多中外氣候學家曾根據考古學上的資料、孢粉分析、樹木年輪、農作物的生長和分布歷史資料（稻、桑、竹、苧麻、柑橘）、動物之分布情況（鱷魚、象、竹鼠、貘、水牛）、物候學資料、氣象氣候歷史資料，定出五千年來之氣溫變化曲線和冷、暖期變化情形，與歐美科學家所定出的挪威雪線變化曲線以及使用氧同位素（O^{18}）研究格陵蘭冰帽所得出變化曲線相比較，可見彼此之變化趨勢非常近似（圖一），茲將我國五千年來之暖期和冷期略述如下。

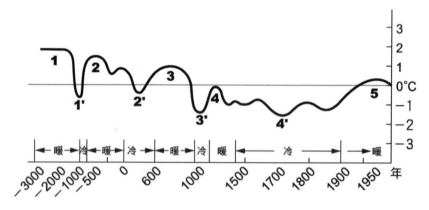

圖一：中國 5000 年來平均氣溫變化曲線與冷暖期分布情形。圖中 1、2、3、4、5 代表五個暖期，1'、2'、3'、4'代表四個冷期。

根據西安半坡村仰韶文化地下遺跡所出土的大量竹鼠遺骸（圖二），可見仰韶文化（距今五千年前）至殷商時代（西元前 1122 年），黃河流域年平均溫要比今日高 2～3℃，而殷商時代出土甚多的竹鼠、貘、獐、水牛、象等今日南方森林才有的動物骨骸，以及周朝亦多刻有象、竹形象之銅器，可知殷商和周朝初葉，為暖溼氣候時期。

　　根據《竹書紀年》，周朝初期和中期的二百五十年為冷期，長江和漢江在這段時間曾經結過冰，就如《竹書紀年》書上記載：

　　　「周孝王七年（西元前 903 年）冬，大雨雹，江漢冰，牛馬凍死。」

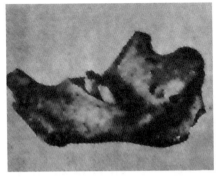

圖二：(A)西安附近半坡村仰韶文化地下遺址出土之竹鼠遺骸。(B)竹鼠遺骸復原圖。

「周孝王十三年（西元前 897 年）冬，大雨雹，江漢冰，牛馬凍死。」

根據推測，當時的年平均溫較今日年平均溫要低個 0.5℃。

到了春秋戰國時代至西漢時代的五百年間，為暖溼氣候時期。這一段期間《左傳》、《禮記》、《淮南子》等書中有記載很多「冬無冰」、「冬不冰」的描述，和《夏小正》、《呂氏春秋》中所記載的桃始華（開花）、蟬始鳴、燕始見等象徵春天開始的現象，發生的時間均較今日早一個月，因此顯示當時之年均溫要比今日高 1.5℃。

緊接著的東漢時代到隋朝的六百年為冷期。在這六百年中的史書多有夏雪、夏寒的描述，甚至出現夏六月，寒風如冬時，冬大寒大雪大旱的紀錄，三國時代甚至有過長江、淮河、漢江冬季結冰，顯示小冰河期之徵象。南北朝北魏時代的《齊民要術》卷一〈種穀〉第二篇便有記載當時的農時和物候說：

「二月三月種者為稙禾，四月五月種者為禾，二月上旬及麻菩楊生種者為上時，三月上旬及清明節，桃始花，為中時，四月上旬及棗葉生，桑花落為下時。」（圖三）

這些物候紀錄，都顯示這些地方發生桃始花、棗葉生、桑花落的時間，要比今日同樣的物候發生在中原的時間遲上十五～三十天，可見當時年均溫較今日低0.5～1℃。隋唐及北宋前半期的四百年為暖期。在這四百年中，因為溫帶氣旋位置偏北，以致中原冬不下雪，所以史書裡有很多冬無雪、冬無冰之紀錄，河南和陝西均生長李、梅、柑橘等今日見於秦嶺以南之果樹，所以當時年平均溫高於今日1℃。

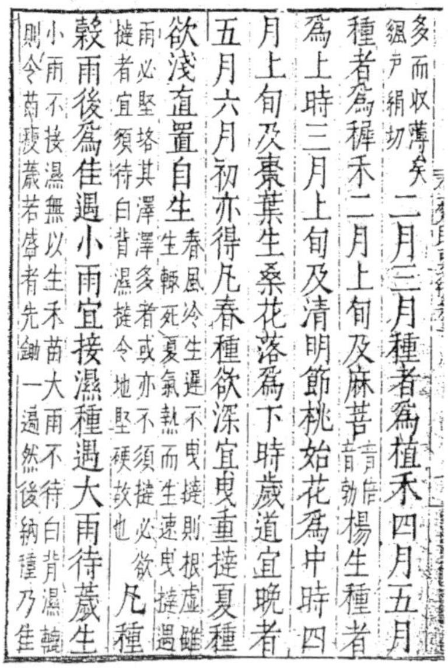
多而收薄矣 二月三月種者爲植禾四月五月種者爲穉禾二月上旬及麻菩音倍音勃楊生種者爲上時三月上旬及清明節桃始花爲中時四月上旬及棗葉生桑花落爲下時歲道宜晚者五月六月初亦得凡春種欲深宜曳重撻夏種欲淺直置自生 春氣冷生遲不曳撻則根虛雖生輒死夏氣熱而生速曳撻遇雨必堅垎其澤多者或亦不須撻必欲撻者宜須待白背濕撻令地堅硬故也 凡種穀雨後爲佳遇小雨宜接濕種遇大雨待薉生 小雨不接濕無以生禾苗大雨不待白背濕輾則令苗瘦薉若盛者先鋤一遍然後納種乃佳

圖三：北魏時代《齊民要術》所記載的農時和物候關係。

北宋後半期到南宋前半期的三百年為冷期。從北宋太宗時代開始，氣候又轉寒，江淮一帶漫天冰雪的奇寒景象再度出現，小冰期再蒞中國，中原一帶在唐朝以後種植的李、梅、柑橘果樹皆遭凍死的命運，淮河、長江下游、太湖流域皆完全結冰，車馬可以在結冰的河面上通過，記載這些史實的方志有六百多種之多，而當時年均溫比今日低1～1.5℃。

南宋後半期的一百年又轉為暖期。在這一百年中冬無雪、無冰

的記載相當多，屬於夏涼冬暖的時期。元明清時代的六百年為冷期，也是小冰河時代。根據方志和史書的記載，長江、淮河、太湖、鄱陽湖、洞庭湖等都曾經結冰，人騎可行，連夏霜雪、夏寒的記載也相當多，當時的年均溫比今日低1℃。

清德宗以後至今就一直是暖期了。清末以後，由於工業化和科技發展的結果，大氣中的二氧化碳含量越來越多，全球出現暖化現象，各地冰河川逐漸向上退縮，各地年均溫均逐年升高，開始進入很明顯的暖期。

由本文之敘述，可知中國歷史上的冷期和暖期期間都十分長久，最初的暖期大約就有二千年，後來的冷期和暖期大週期為一百年到六百年不等。暖期時氣候比較暖溼，所以農業生產和民生經濟水平比較高，有利於出現太平盛世（例如漢武帝時和唐代），而冷期時氣候比較乾冷，農作物容易歉收，甚至發生飢荒，造成社會動盪不安，以致朝代滅亡。

（2010年8月號）

四部醫典掛圖

◎—張之傑

1991年8月間,我到拉薩出席研討會,不幸染患感冒,在高原上感冒非同小可,與會學者都勸我趕快就醫!大會設有醫務室,駐有西醫、漢醫和藏醫。出於好奇,我看了藏醫,他給我開了六包藥(兩天份),都是咖啡色、綠豆大小的藥丸,外表一色一樣,但紙包上卻蓋著早晨、中午、晚上等字樣。我正感疑惑,那位藏醫對我說:「藏藥以丸劑為主,早晨、中午、晚上的藥是不一樣的,你不能吃錯了。」

我和他聊起來,他告訴我,藏醫自成系統,對解剖學的理解遠非漢醫所能及。我問:「有介紹藏醫的書嗎?」他說:「最好是看原典,《四部醫典掛圖》已有漢譯本,你可以找來看看。」於是冒著呼吸困難,搭乘計程車跑了一趟西藏人民出版社,搬回一部好幾公斤的大書——《四部醫典系列掛圖全集》。

在介紹《四部醫典系列掛圖》之前,容我勻出點篇幅說明自己

和西藏結緣的經過。故事追溯到 1966 年，筆者師大畢業到居家附近的五峰中學實習一年。校長譚任叔女士讓我掛名設備組長，鐘點較一般老師少，為了打發時間，決定翻譯一本書。起先翻譯大三時讀的細胞學，越譯越無趣！譯什麼？我想起大三暑期借閱過的 Roof of the World——Tibet, Key to Asia（世界屋脊——西藏，認識亞洲的鎖鑰），就再次借來，每天翻譯一頁，利用實習的一年，將該譯的部分譯完。

翻譯工作完成，隨即入營服役，退伍後進研究所，畢業後留校任教，升任講師那年（1971 年）秋，在報上看到三信出版社的徵稿啟事，寄去譯稿，蒙主編陳冠學先生青睞，年底就出版了，這是我的第一本書。

因為翻譯《世界屋脊》，使我對西藏事物特別注意。1988 年秋，辭去科學教育館的工作，到居家附近的錦繡出版公司上班，報到之前到北京、山東旅遊三週，買回若干藏學書籍。1991 年 3 月，在報上寫了篇三千多字的雜文，介紹史詩《格薩爾王傳》，呼籲臺灣學術界：「何不暫時離開一下紅學、敦煌學或什麼學，將目光移向世界屋脊上的偉大史詩！」這篇雜文被澳門藏學家上官劍璧女士看到了，她和我聯絡，介紹我出席在拉薩召開的「第二屆格薩爾王傳國際學術研討會」，同年 8 月踏上思慕已久的聖城——拉薩。

拉薩之行，最大的收穫是收集到大批漢譯西藏文學書籍，成為編選《西藏文學精選》（慧炬，1992）的基礎。至於《四部醫典掛圖》，只用來寫了篇雜文，就將之束諸高閣。

　　今年暑期，我到臺北故宮看西藏文物展，看到三幅《四部醫典掛圖》，不禁想起那部久未翻閱的大書，決定寫篇雜文，為科學史話欄目添點很不一樣的內容。寫篇雜文不是難事，但如果找到 1991 年那篇雜文的剪報豈不省事。截稿日期快到了，仍找不到，就搬出那部大書重新寫吧。

　　《四部醫典》成書於八世紀，出自吐蕃王朝醫聖宇妥・寧瑪元丹貢布之手，經過歷代藏醫增補、注釋，內容越來越充實。到了十七世紀，達賴五世寵臣、著名學者桑結嘉措將其注釋本刊刻行世，該書才正式定型。

　　顧名思義，《四部醫典》分為四大部分。第一部《總則本集》，共六章，是藏醫總論。第二部《論述本集》，共三十一章，說明解剖、生理、病因、病理、飲食、起居、藥物、器械和診斷、治療等。第三部《秘訣本集》，共九十二章，是內科、外科、婦科、兒科等臨床各論。第四部《後續本集》，共二十七章，著重各種藥物的炮製和用法。

　　《四部醫典》內容深奧，遂有掛圖興起。遠在吐蕃王朝，印度

第五圖人體胚胎發育，自男女交媾、受孕至分娩，一一以圖繪表示。

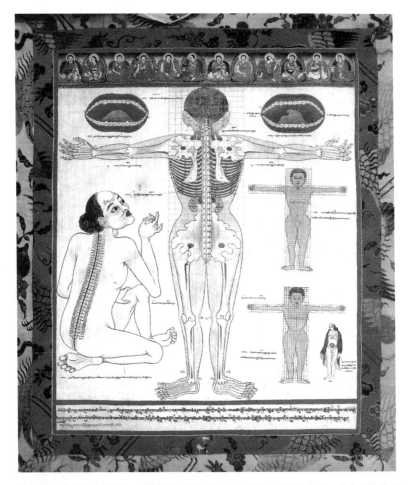

第十圖人體骨骼（背面）：藏醫認為骨骼分為二十八種、三百六十塊，其中脊椎骨二十八塊、肋骨二十四條。描繪遠較漢醫精細。

卷軸畫（藏人稱為唐卡）就傳入西藏，用來傳講佛法。《四部醫典》流傳後，常有醫家以唐卡輔助教學或傳講醫學。十五世紀以後，唐卡發展出很多流派，描繪《四部醫典》的掛圖，也發展出南北兩派，北派長於人物，南派長於藥物。十七世紀末，桑結嘉措召集各地名醫及南北派畫師，完成一套六十幅的《四部醫典系列掛圖》；其後又補繪十九幅，於1703年完成。

　　《四部醫典系列掛圖》繪成後，歷代屢有複製，後世大多加上一幅「西藏名醫」，而成為八十幅。中共入藏後，經過民主改革和文革，文物單位僅殘存二百九十四幅，只能配成兩套！我買回的《四部醫典系列掛圖全集》，就是根據劫後殘餘印製的。

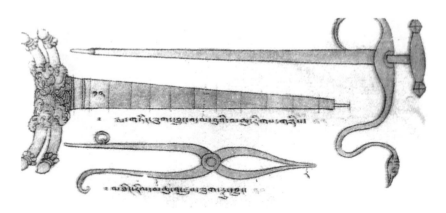

圖為第三十六圖醫療器械之三種外科器械——兩種中空有芯手術鉗及鴨嘴手術鉗。

《四部醫典系列掛圖》描繪精細，畫風接近印度細密畫，除了解剖圖、脈絡圖和針灸圖，其餘都由眾多小圖構成，舉例來說，藏醫引以為傲的胚胎發育圖，約含有七十一個小圖；外科器械圖約有一百種器械。掛圖中的藥圖，大多形態逼真，甚至可以按圖索驥。

　　整體來看，《四部醫典》主要有三個源頭，即印度、本土和漢地。源自印度的如解剖、脈絡、外科等，源自漢地的如脈診、針灸等。八世紀初成書時，可能還沒有漢醫的成分。青藏高原所特有的藥物，如藏紅花、紅景天等，當然源自本土。至於藏醫的病理觀念，和藏醫所重視的尿診等，是否源自本土待考。

（2010 年 11 月號）

立帆式大風車
——環保永續的風力機械

◎—林聰益

南臺科技大學古機械研究中心主任

能源與動力是社會文明進化的引擎，如何將能源轉化成可用的動力，一直是人類用盡心思要發展的科學與技術；這種將能源轉化成動力，使人用力寡而見功多的器械，稱為動力機械，主要有水車、風車、蒸汽機、內燃機、汽輪機及馬達。自工業革命以來，以煤炭和石化燃料為能源的汽輪機與內燃機是人類重要的動力引擎。近年來因氣候變遷加劇，使用煤炭和石化燃料所產生的汙染被指為禍首，人們亟需找尋新的潔淨能源；風能即是主要綠色能源之一，而風車則以集中式風力發電機重新服役於社會，然亦產生一些問題。相較於現在常見的臥軸式風車，立帆式大風車或許是另外一種適當科技（圖一）。

立帆式大風車是中國傳統的立軸式大風車，又稱大風車或中國

圖一：2006 年在江蘇鹽城海河鎮，由南臺科技大學與中國科學院自然科學史研究所合作復原的「立軸式風力龍骨水車」。（作者提供）

大風車。大風車的構造和操控原理不同於歐洲和西亞的傳統風車，它是古代工匠利用船帆迎風原理，巧妙地運用海上的船帆，製作出具有自動調節功能的風力機械，用於水車提水的動力。使用時只需簡單地操控帆索來調整風篷受風的面積與角度，便能適應於各種風的大小和方向，使風車始終保持最佳的迎風狀態，從而有效地將風能轉化成機械能，被稱作是一個具有巨大利益和使用價值的發明。

目前發現大風車最早文獻記載是在南宋（約十二世紀初），被用來驅動龍骨水車。龍骨水車又名「翻車」，是具有獨特鏈傳動機構的鏈式水泵，為中國古代主要的傳統提水機械。通常一架大風車可以驅動一至幾個龍骨水車，用於提水灌溉或抽水製鹽，稱之為「立軸式風力龍骨水車」，主要分布在中國渤海地區和東南沿海地區。這種與歐洲臥軸式風車同樣有著悠久的歷史，但卻有著不同思路的大風車技術，也是古中國文明的一個代表，甚至可以說，它站在古中國農耕文明灌溉技術的高峰。

早期對風車的記載過於簡略，沒有指出裝置的形制尺寸及風帆的數目。明代以後的文獻漸多，其中，以清朝周慶雲在《鹽法通志》所記述之立軸式風力龍骨水車的構造較為清楚：

「風車者，借風力回轉以為用也。車凡高二丈餘，直徑二丈六

尺許。上安布帆八葉，以受八風。中貫木軸，附設平行齒輪。帆動軸轉，激動平齒輪，與水車之豎齒輪相搏，則水車腹頁周旋，引水而上。此製始於安鳳官灘，用之以起水也。長蘆所用風車，以豎木為幹，幹之端平插輪木者八，如車輪形。下亦如之。四周掛布帆八扇。下輪距地尺餘，輪下密排小齒。再橫設一軸，軸之兩端亦排密齒與輪齒相錯合，如犬牙形。其一端接於水桶，水桶亦以木製，形式方長二三丈不等，寬一尺餘。下入於水，上接於輪。桶內密排逼水板，合乎桶之寬狹，使無餘隙，逼水上流入池。有風即轉，晝夜不息。」

　　文中記述了立軸式風力龍骨水車是以立帆式大風車作為動力源，利用一平齒輪之齒輪機構，將動力傳到傳動軸另一端的龍骨水車，帶動以逼水板構成的鏈條傳動機構，能引低處水到高處（圖二）。經進一步的研究得知，立帆式大風車具有一個八棱柱狀框架結構的巨大風輪，約高八公尺、直徑十公尺，它的中軸稱為「大將軍」，取自中國帆船桅桿的俗稱，也證明大風車的設計概念來自帆船。大將軍上部安裝一個將軍帽的滑動軸承，底端頂著一針狀鐵柱，即所謂的「頭上戴帽足踏針」，如此，可承受七百多公斤重量的風輪輕鬆運轉。

平齒輪

傳動軸

圖二：大風車以一平齒輪之齒輪機構將動力傳到傳動軸另一端的龍骨水車。（作者提供）

　　風輪之八個棱柱上的桅子各安裝了風帆，以承受四面八方的風力。風輪的風帆有如水輪的葉片，用來擷取能量，而風帆的設計是來自中國縱帆，以帆布或蒲草來製作風帆；布帆尺寸約是長四公尺、寬二公尺，篷帆因容易透風因此長度增加到四・五公尺長，每張帆都是以升降升帆索調節風帆的高低，以帆腳索來控制風帆的受風面積。因此可以根據風速的大小，利用升帆索調整風帆的高度或增減帆腳索的長度，以改變風帆與風向的夾角，達到調節風車的轉速。若風力過大，可站在定點，一一解放升帆索，風帆則逐次落

下，以免轉速超速破壞整個風車裝置。

　　根據陳立在 1951 年針對渤海海濱風車調查報告指出，光在漢沽塞上和塘大兩鹽區就有風車六百餘架，構造皆相同，其大風車的轉速平常約為每分鐘八轉。另由 1957 年拍攝的影片《柳堡的故事》中，可知蘇北地區使用大風車非常普遍，在距離海岸較遠的鹽城一帶，一架立軸式風力龍骨水車約可灌溉六十畝左右的農田。1950 年代，風力龍骨水車漸漸被馬達或內燃機為動力的水泵取代，至 1970 年代後，大風車就漸漸在它曾經最繁榮的蘇北地區絕跡了。直至 2004 年，南臺科技大學與中國科學院自然科學史研究所合作，在蘇北進行立帆式大風車的復原與調查，尋訪到陳亞等當年製作、維修風車的木匠，按照原樣大小，遵循傳統工藝和傳統用料，在 2006 年成功復原了一部具備實用功能的立軸式風力龍骨水車，也考察了與風車有關的民俗文化。目前更進一步進行「舊為今用」的研究工作，相對目前大型集中式風力發電機組，這種具成本低、維修容易、分散式深入生活特性的大風車技術，將是一能永續發展的環保風力機械。

（2011 年 2 月號）